石油・ガス大国ロシア

本村眞澄 著

EURASIA LIBRARY

ユーラシア文庫
13

目次

第3章　ロシアの国際的なエネルギー輸送戦略　54

石油・ガス大国ロシア

はじめに

ロシアの経済は、ＧＤＰで見ると世界第十一位（二〇一七年）と、ＯＥＣＤの中では韓国の一つ上の中規模の国に過ぎないが、国際政治の世界では米国とその影響力を二分する存在である。その背景の一つには、世界でも稀有な戦略展開能力を有する軍事力があるが、もう一つは、ロシアが石油・ガスにおける資源大国であるという点であろう。

ロシアは、石油では米国、サウジアラビアとともにビッグ3を、天然ガスでは米国とともにビッグ2を担っており、ＬＮＧ（液化天然ガス）では近い将来、オーストラリア、カタール、米国とともにビッグ4を形成する見込みである。

二〇一八年予算では石油・ガス収入を四六・五パーセントとしており、国としても最大の収入源である。貿易においては、二〇一七年の貿易実績では、「エネルギー原材料及び加工品」つまり原油・石油製品・ガスが輸出額の五九・二パーセントを占めている。油価が百ドルを超えていた二〇一三年で見るとこれは七一・〇パーセントにもなっており、現状やや下がったとは言え、最大の貿易収入を挙げていることには変わりない。ロシアは文字通りの「石油・ガス大国」と言える。

石油の歴史では、十九世紀後半のカスピ海バクーにおけるノーベル兄弟やロスチャイルドが、米国のペンシルベニア州と世界を二分する供給体制を構築しており、第二次大戦後になって存在感を増した中東よりも遥かに古参の産油国であった。その後、ボルガ＝ウラル、西シベリアと主要な産油地域がバトンタッチされ、第一級の産油国としての立場が維持されてきた。気候、地表条件、アクセスなどの面で厳しい条件下にはあったものの、石油地質学上のポテンシャルに恵まれていたこと、近隣に欧州市場を控えていたこと、そして、早くから長大なパイプライン・インフラの建設に取り組んで来たことの成果と言って良い。

ソ連時代に東欧諸国を中心とした経済協力機構（コメコン体制）が維持された背景にはソ連からの石油供給があり、ソ連崩壊後の復活にもロシアの石油は大きな力を発揮した。今日でも、欧州や中国との関係で石油・ガスによるエネルギー安全保障の役割は大きい。更に北極を巡る資源・航路開発でロシアは先陣を切っている。

現在は、欧米によるロシアのエネルギー関連の報道は、かなり批判的なものが多く、エネルギーの政治利用といった観点からなされることが多い。しかし石油・ガス事業はそれ自体で完結する経済行為であり、政治的な効果はそれに派生して現れる現象に過ぎない。特定の政治目的のために、経済性を無視して石油・ガスを利用することは、企業行動としては考えられない。

ロシアには地質学的にみて極めて豊富な資源がある。現状、技術的に最先端の分野は欧米からの制裁対象となっているものの、在来型資源だけをとって見ても投資対象として魅力的であり、エネルギー・ビジネス界の進出意欲は依然高い。

筆者は、二〇〇五年に『石油大国ロシアの復活』(アジア経済研究所)を上梓し、ソ連崩壊後の低迷していたロシアの石油産業が復活していく様子を解説した。本書はその続編として、ロシアにおけるその後の石油・ガス分野での飛躍的な発展を記したものである。なお本書第1章の石油の歴史の部分では前著の記述を大幅に圧縮するとともに、適宜加筆を行った。

第1章　ロシア・ソ連の石油産業の歴史

1　ロシアの石油産業の諸段階

ロシアの石油産業は、帝政時代にロシア帝国の最南部にあたるカスピ海のバクーで始まり、やがてソ連時代となってボルガ＝ウラル、西シベリアと内陸部に東遷してきた。このロシアの石油・ガス産業は、国家からの影響を直接に受けて来たと言ってよく、その歴史は時の政治体制と同様に、明確に以下の三つの時期に分けることができる。
第1期（十九世紀後半から二十世紀初頭）帝政ロシア時代、カスピ海のバクーを中心に展開された石油産業の黎明期。一時期は米国ペンシルベニアを凌ぐ世界的な産油国となった。
第2期（一九一七年～一九九一年）ソビエト連邦時代の計画経済に基づく国主導の石油産業の発展期。第二次大戦後は特に「第2バクー（ボルガ＝ウラル）」、「第3バクー（西シベリア）」

と主力の産油地域が引き継がれ、世界最大の産油国、米国に次ぐ産ガス国となると同時に、パイプライン網の構築により欧州市場との関係が形成された。

第3期（一九九二年〜現在）ロシア連邦時代。ソ連崩壊で石油生産も大きく減退したが、プーチン政権のもとで政治・経済が安定するとともに石油大国として復活し、東アジア市場との関係も強化され始めた。

本章では、第1期と第2期を取り上げ、第3期については第2章で述べる。

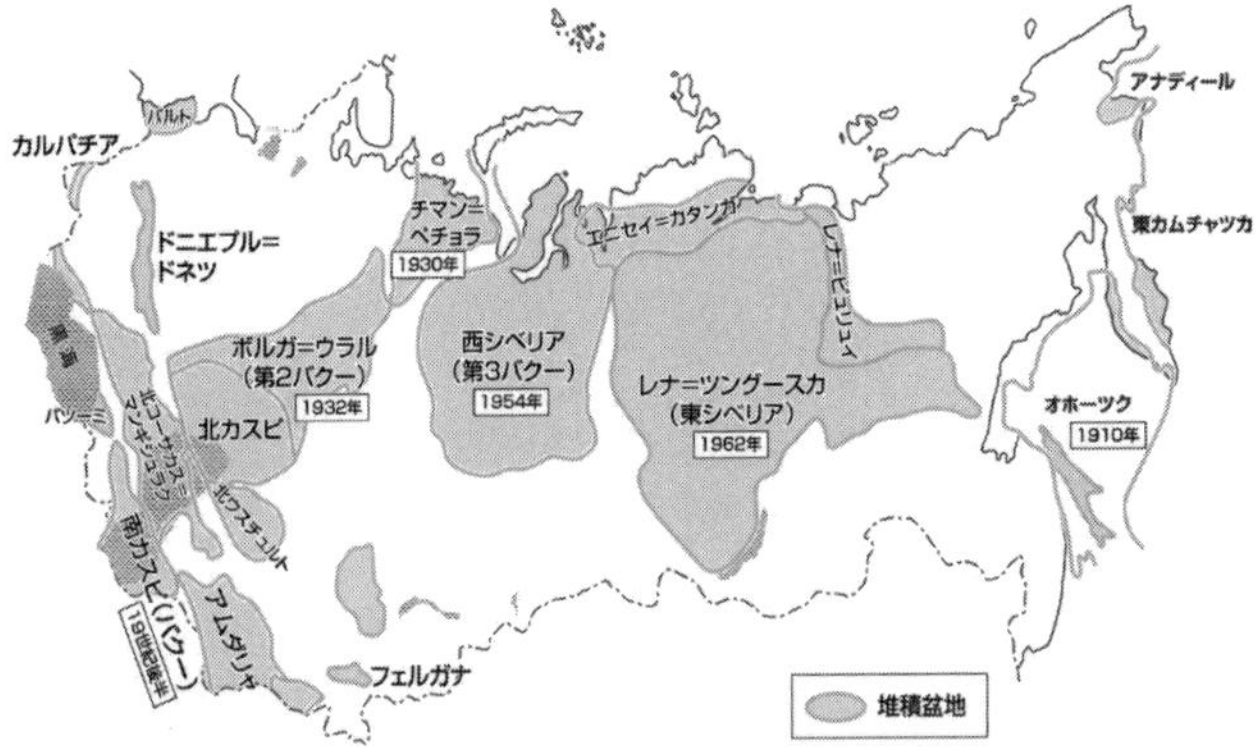

図1-1　ロシア・中央アジアの堆積盆地（石油を生成するエリア）**の分布（筆者作作成）**
ロシアの石油産業の中心地は、カスピ海南部のバクーの後、第2バクー（ボルガ＝ウラル）、第3バクー（西シベリア）へと間断なくバトンタッチされて行った。枠内は最初の油田発見年。

2　帝政ロシア時代の石油開発と石油輸送への取り組み

第1期は、十九世紀後半から二十世紀初頭の帝政ロシア時代において、カスピ海のバクーを中心に展開された石油産業の黎明期である。ここではノーベル兄弟、続いてロスチャイルドが事業を展開し、一八九〇年代には米国のペンシルベニアを上回る規模の生産を達成した。油田から製油所までのパイプライン敷設、タンカーによるカスピ海海上輸送、コーカサス山脈を縦断する鉄道による黒海沿岸の国際港までの輸送といった今日の石油産業では通常となっている輸送の効率化が試行錯誤の末、形造られて来た。

一八六〇年代に、カスピ海に面したアプシェロン半島の中央付近で、バラハニ＝サブンチ＝ラマニ油田が発見され、バクーでは空前の石油ブームが起こっていた。ここで生産された石油は、皮袋に詰められ、バクー市郊外の製油所までの道のりを、タタール人の扱う二輪馬車で輸送されていた。この輸送コストは、油田での原油生産コストの単位量当り約七倍といわれ、輸送コストの負担は深刻であった。

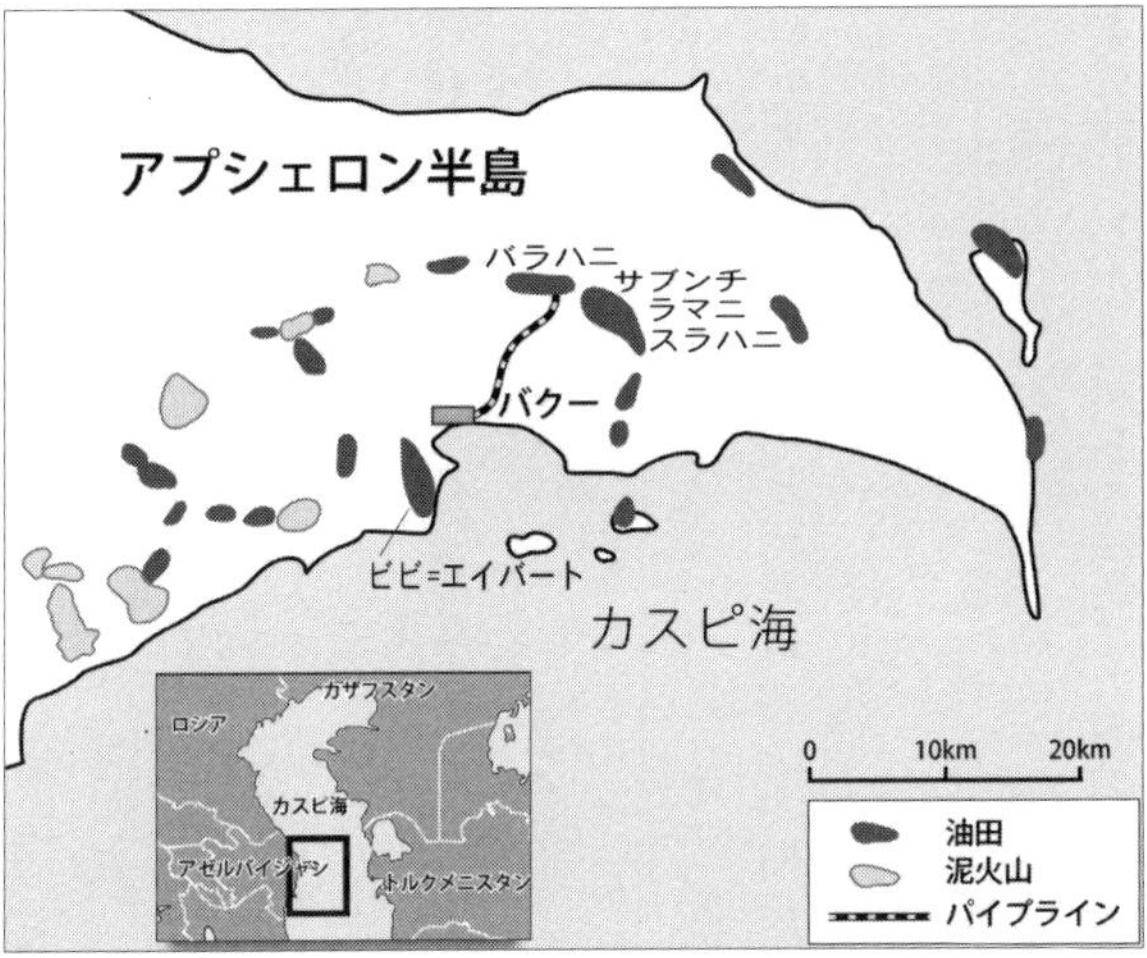

図1-2　バクーの油田群と最初の石油パイプライン（Levorson、1967に筆者加筆）

元素の周期律の発見で著名なドミートリ・メンデレーエフ（一八三四－一九〇七）は、実践的な化学者として石油事業にも関心が高く、一八六三年にはバクーを訪問して現地の操業の実態を観察し、パイプラインによる原油輸送方式を提言している。これは米国でパイプラインが実用化する一年前に発想されたものであり、奇しくも類似のアイデアが二つの大陸でほぼ同時に生まれていたと言える。メンデレーエフは西シベリア・チュメニ州のトボリスク市郊外という、当時は大変に辺鄙な土地の生まれであるが、その付近は九十年後には西シベリアの大油田地帯となった。石油に縁のあった人と言うべきであろう。

スウェーデン人の武器商人ロベルト・ノーベル（一八二九－九六）がバクーに立ち寄ったのは一八七三年で、銃の台座となる胡桃の木の買い付けに来たのであるが、ここで活況を呈していた石油産業に大いに刺激を受けたようである。用意した資金で直ちに、バクー市南郊にあるビビ＝エイバート油田を買収した。ここで油田の開発に成功すると、製油所を買収し、自らの化学の知識を生かして設備の近代化を進めた。一八七五年にはバラハニ油田を取得してこの地での石油事業者としての地位を確立した。

弟のルートビッヒ（一八三一－八八）がバクーに乗り込んで来たのは、三年後の一八七六年のことである。二人で「ノーベル兄弟石油開発会社」を設立し、やがて事業の中心的な存在となったルートビッヒは石油の輸送問題にも本格的に取り組んだ。油田から市内に近い製油所までの輸送を二輪車からパイプライン方式へ変更し、輸送コストを二十分の一へと大きく改善させた。更に、船舶を使って石油を欧州市場まで出荷できるように、試行錯誤の末、今日で言うところの「タンカー」を考案し、カスピ海からボルガ河への水上輸送を可能にした。新しい輸送路の開拓は取りも直さず新しい市場の開拓を意味した。

ダイナマイトの発明で知られる末弟のアルフレッド（一八三三－一九六）は、石油事業には参加しなかったが、この「ノーベル兄弟石油開発会社」の株式を保有し、経営に対する助言も行っていたと言う。この資産はノーベル賞の基金の一部にもなっている。

ただし、石油の積み出しには問題があった。冬季には、カスピ海の北部、そしてそこから欧州市場への石油の搬出ルートとなっているボルガ河も凍結する。ここで、パリのロスチャイルド家が一八八三年に、バクーから黒海東岸のバツーミまでの「トランスコーカサス鉄道」を引くべく参入し、通年の石油出荷を目指した。翌年には「カスピ海・黒海石油会社」を設立し、石油開発事業そのものにも乗り出した。この石油の東アジアでの販売を手掛けたのが、横浜にあったサミュエル商会、後のシェルである。同社の貝印のマークは三浦海岸でマーカス・サミュエルが採取販売していた貝を図案化したものという。

こうして、バクーの石油は一八九〇年代には、米国のペンシルベニアと世界を二分する存在となった。しかし、二十世紀が始まったばかりの一九〇一年一月十日、テキサス州東部のスピンドルトップで巨大油田が発見されると、米国の石油生産は急伸し、二十世紀前半の石油の世界は米国一強の時代となった。一方、バクーでは乱掘もたたって生産量は急減した。現場では労働争議も頻発したが、ここでの労働運動で頭角を現したのがジョージア人のヨシフ・ジュガシビリ、後のスターリンである。

一九一七年十月、ペトログラードで「十月革命」が起き、バクーにも一九二〇年にソビエト政権が誕生し、バクーの油田は直ちに国有化された。ノーベル一族はスパイ容疑で裁判にかけられることになった。

3　ソ連時代の石油開発

（1）ソ連の成立から第二次大戦まで

ロシア革命を経てソビエト連邦が成立したのは一九二二年であるが、レーニンは一九二一年にそれまでの戦時共産主義を打ち切り、新経済政策（ネップ）を打ち出した。これにより経済が安定し、早くも一九二三年には原油の輸出が再開された。ただし、このころの主要な油田地帯はバクーと北コーカサスのみであり、諸外国による干渉にさらされやすい状況であった。一九二九年、ウラル山脈の西麓に位置するペルム市で、カリ岩塩の採取中に偶然に石油が発見され、俄然、内陸部での石油探鉱が注目されるようになった。一九三〇年代から、この「ボルガ＝ウラル」堆積盆地で新たに石油探鉱が進められるようになった。

　一九四一年六月二十二日、ドイツがソ連に対する奇襲攻撃を開始し、ソ連で言うところの「大祖国戦争」即ち、第二次大戦が始まった。ドイツの戦争目的は資源を確保して「新秩序」を構築するというもので、ドネツクの工業地帯と、バクー、北コーカサスの油田制圧を目指す「バルバロッサ作

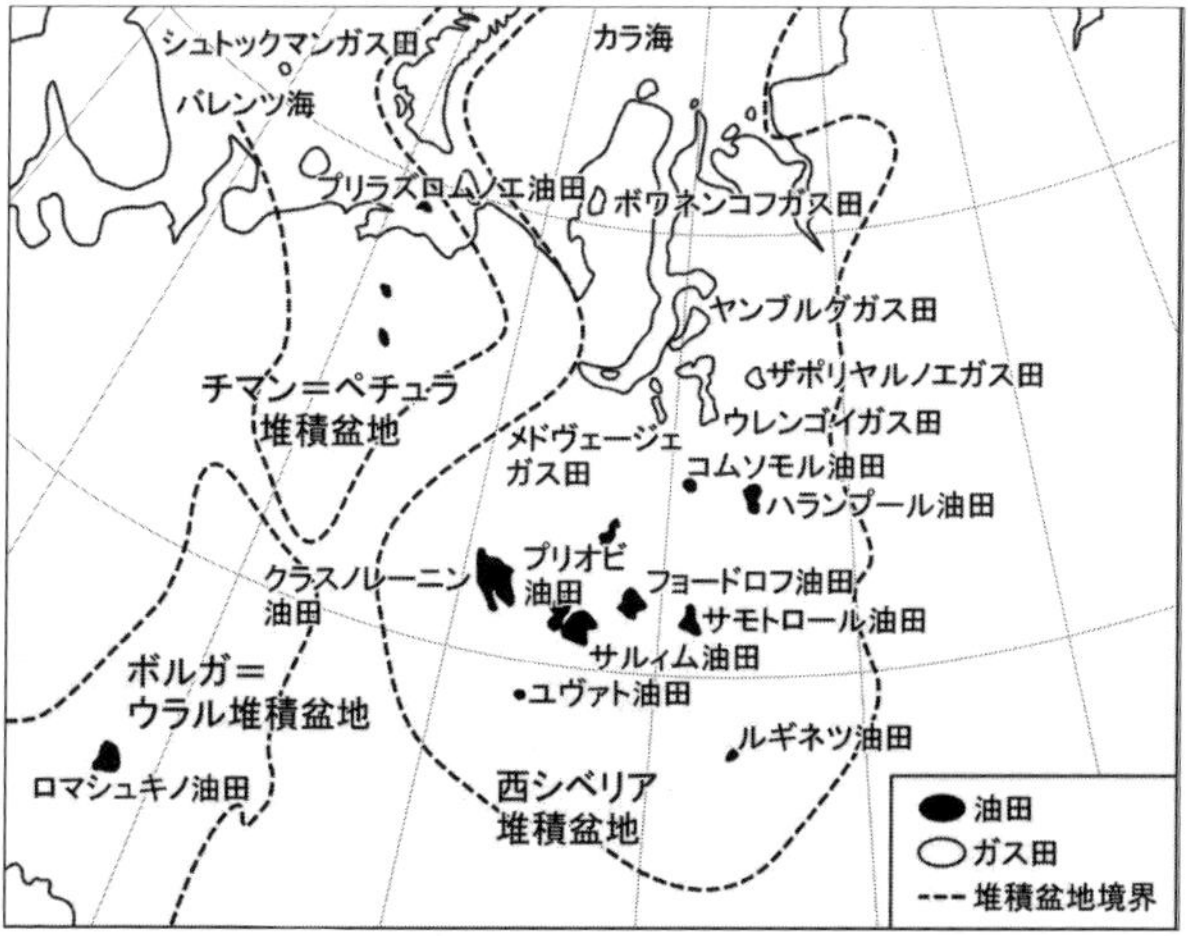

図1-3　ボルガ＝ウラルおよび西シベリアの油ガス田（筆者作成）

戦」が始動した。しかし、戦線はモスクワ市の手前とコーカサスで膠着し、ドイツ軍はバクーの油田には到達できずに撤退を余儀なくされた。

（2）第二次大戦後のソ連の石油生産

第二次大戦の経験から、ソ連は外国の干渉の及ばない内陸部での油田開発を重視することとした。「ボルガ＝ウラル堆積盆地」での探鉱は一九三〇年代から始まったが、一九四九年には、中央部にある巨大なドーム構造に試掘がなされ、当時ソ連で最大規模となるロマシュキノ油田（埋蔵量一三九億バレル）が発見された。これが第二次大戦後、ソ連の復興の原動力となり、この地域は「第2バクー」と呼ばれた。

一九五〇年代からはウラル山脈の東に広がる「西シベリア堆積盆地」で本格的な探鉱が繰り広げられ、一九五三年に最初のガス田、五四年に最初の油田が発見された。以降は油田の発見されない年はなく、一九六五年にはソ連で最大となるサモトロール油田（埋蔵量一五〇億バレル）が発見された。一九七七年にはボルガ＝ウラルを抜いてソ連最大の油田地帯となって「第3バクー」と呼ばれ、ボルガ＝ウラルのバトンを見事に引き継いだ。

ソ連時代の一九五〇年から、現在のロシアの二〇一七年までの石油生産の履歴を図1-4に示す。図の左三分の一に当たるソ連時代の五〇年代から七〇年代までは、一気に生産量が増加した時期であり、石油の増産がいかに順調であったかが覗える。しかし、ソ連最後の十年間では生産量が天井を打ち、ソ連崩壊とともに三分の二程度まで減退した。

ソ連崩壊の理由は様々に論議されているが、経済政策の行き詰まりに加えて、

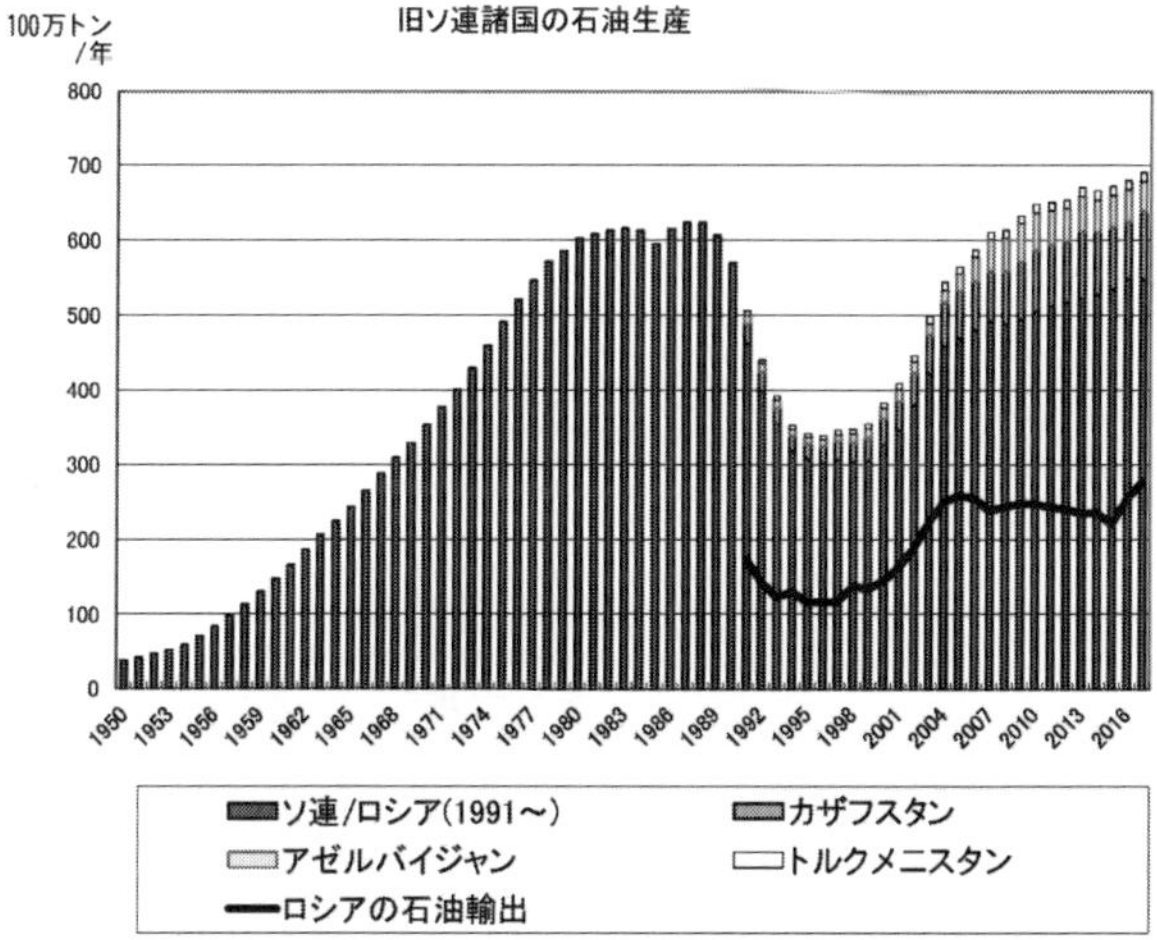

図1-4　ソ連及びCISの石油生産履歴（1950-2017年）(報道から筆者作成)

石油価格が一九八五年にバレル当たり三四ドルから一五ドル台に急落した「逆オイルショック」の影響を挙げる人が多い。ソ連にとって、石油の輸出は貴重な外貨獲得の手段であり、一九八五年以降それが半減したことは、急速な財政の悪化、外貨不足の原因となった。

また、東欧というハードカレンシー（ドルなどの外国通貨と交換できる外貨）をほとんど持たない国々にとっては、バーター取引により石油の供給が保障されることがソ連の体制に組み込まれる大きな要因であったが、その供給力の喪失が九〇年代末の東側世界の解体へと繋がったといえる。

（3）サハリンの石油開発と日本の参入

サハリンは日本に隣接しており、戦前から日本は密接な関係を有していた。

サハリン北東部のオハ近郊で油田が発見されたのは一九一〇年のことであった。革命の翌年の一九一八年、サハリンはボリシェビキが支配したが、依然として混乱が続く中、日本の鉱山王といわれた久原《くはら》房之介が現地の石油調査に乗り出している。翌一九一九年には久原鉱業、三菱鉱業、日本石油、宝田石油、大倉工業からなるコンソーシアム（共同事業体）である「北辰会」が結成され、北サハリンでの石油調査と開発を行うこととなった。この間、陸域で八油田を発見・開発したが、一九二五年、日本がソ連を国家承認したのを機に、「北樺太石油会社」が設立され、各油田の五〇パーセントの権益を四十五年間保持できることとなった。この年の産出量は一〇万トンで、当時日本の国内生産は年間四〇万トン、消費量は八四万トンであったから、日本の需要の一二パーセントを賄っていたことになる。

ソ連側も「サハリン石油公社」を設立し、一九二八年の第一次五か年計画の始動とともに、本格的な油田開発に着手し、一九三二年には日本側を抜き、一九四〇年代には年産五〇万トンを超えるなど大きな成果を挙げた。しかし、一九三六年に締結された「日独防共協定」にソ連側が反発するようになり、一九三九年には満蒙国境でノモンハン事件が起こるなど、両国の関係は緊張したものとなった。一九四四年三月、日本は北サハリンでの利権を放棄した。

第二次大戦後の一九六五年、第一回の日ソ経済委員会が東京で開催され、西シベリア・

チュメニ州の原油をナホトカまでパイプラインで輸送する計画がソ連側から提案された（後述するように、これは四七年後に実現する）。一九七二年の第五回委員会ではサハリン大陸棚開発への融資が提案され、一九七四年の第六回で推進の勧告が出た。これを受けて同年十月に、成功払いクレジットと探鉱用機器の貸し出しを行う組織として「サハリン石油開発協力株式会社（ＳＯＤＥＣＯ）」が設立され、基本契約が一九七五年一月に締結された。戦前の「北樺太石油」のＤＮＡが蘇ったかのようである。

サハリン大陸棚開発では、北東のオハの沖合大陸棚（二万二千平方キロメートル）と、南西部の大陸棚（七千七百平方キロメートル）が事業の対象となった。一九七六年から一九八三年までの探鉱期間で、七つの背斜構造（伏せたおわん状の地質構造で石油・ガスを貯める場所となる）に対して二五坑が掘削された。一九七七年十月には、事業全体の試掘第１号であるオドプト構造に対する試掘で出油に成功し、次いで七九年にはチャイボ構造からも出油を見るという目覚ましい成果を上げた（52ページ、図２-６）。

しかし、一九八五年以降の油価の急落を受けて、開発段階への移行は困難となり、事業はソ連崩壊後の一九九〇年代半ばに生産物分与（ＰＳ）契約（投入事業費を回収した後、生産物を一定比率でホスト国と開発事業者で分け合う方式）に切り替わるまで中断を余儀なくされた（後述）。当時、ソ連の油田開発分野において、これだけの規模で食い込んでいたのは世界で日本だけであり、欧州の石油関係者も非常に注目した事業であった。

4　ソ連時代の天然ガス開発

（1）巨大ガス田の発見

ソ連で天然ガスパイプラインがボルガ＝ウラル地域に敷設されたのが、第二次大戦中の一九四三年のことで、ウクライナのドンバス炭田がドイツに占領されたため、重工業用の熱源が急遽必要になったことによる。一九四六年にはボルガ河畔のサラトフで発見された天然ガスをモスクワまで送る総延長七八八キロメートルの長距離パイプラインが初めて敷設され、本格的な天然ガス利用の時代に入った。

一九五六年にソ連は、天然ガス重視の新エネルギー政策を打ち出した。これは、西シベリア北部に数多くあるガス鉱床を本格的に開発しようという意欲的な政策である。天然ガス開発を所管する行政機構「グラブガス」が設立され、一九六五年にこれが「ガス工業省」へと昇格した。一九六三年から、西シベリア北部のオビ河下流域において集中的な探鉱が行われ、一九六五年にザポリヤルノエ・ガス田（埋蔵量九四兆立方フィート）、一九六六年にウレンゴイ・ガス田（一七七兆立方フィート）、一九六七年にメドヴェージェ・ガス田（五四兆立方フィート）、一九七一年にボワネンコフ・ガス田（一四四兆立方フィート）、一九七二年にヤンブルグ・ガス田（一五七兆立方フィート）と、その多くは世界でも十位以内に入る超巨大ガス田が次々と発見され、世界的な産ガス地帯となっていった（図1-3、1-5）。

（2）ソ連から東欧圏への天然ガスの輸出

これらの発見を受け、石油に続いて、天然ガスも外貨獲得の手段として、西側諸国へ輸出することが検討された。欧州までは地続きであるから、天然ガスの輸出はパイプラインに拠るしか方法はない。一九六七年からウクライナのキエフを起点とし、同国の西の国境にあるウシュゴロドを経由してチェコスロバキアへ天然ガスを供給する総延長六七〇キロメートルの「兄弟」パイプラインが稼動、翌年オーストリアのバウムガルテンまで延長され、九月から初めて西側への天然ガス輸出が開始された。同年、ハンガリーへの支線も完成し、一九七二年には、東ドイツ、ブルガリアへも供給が開始された。

(3) ソ連・ロシアから西側諸国へのガス輸出へ

西ドイツ（当時）では、一九六九年九月の総選挙で社民党（ＳＤＰ）が戦後初めて政権を取った。首相に就任したウィーリー・ブラントは、東方即ち共産圏との連携を強化するという「東方政策（オスト・ポリティーク）」を掲げ、共産圏との「緊張緩和（デタント）」を目指した。そして、西ドイツからは大口径管やコンプレッサーを輸出し、見返りに西シベリアの天然ガスを初めて西側陣営に輸入するという「補償（コンペンセーション）契約」をソ連と締結した。翌年、イタリアもこれに追随した。

西シベリア最大のウレンゴイ・ガス田を起点として、コミ自治共和国のウフタを通り、

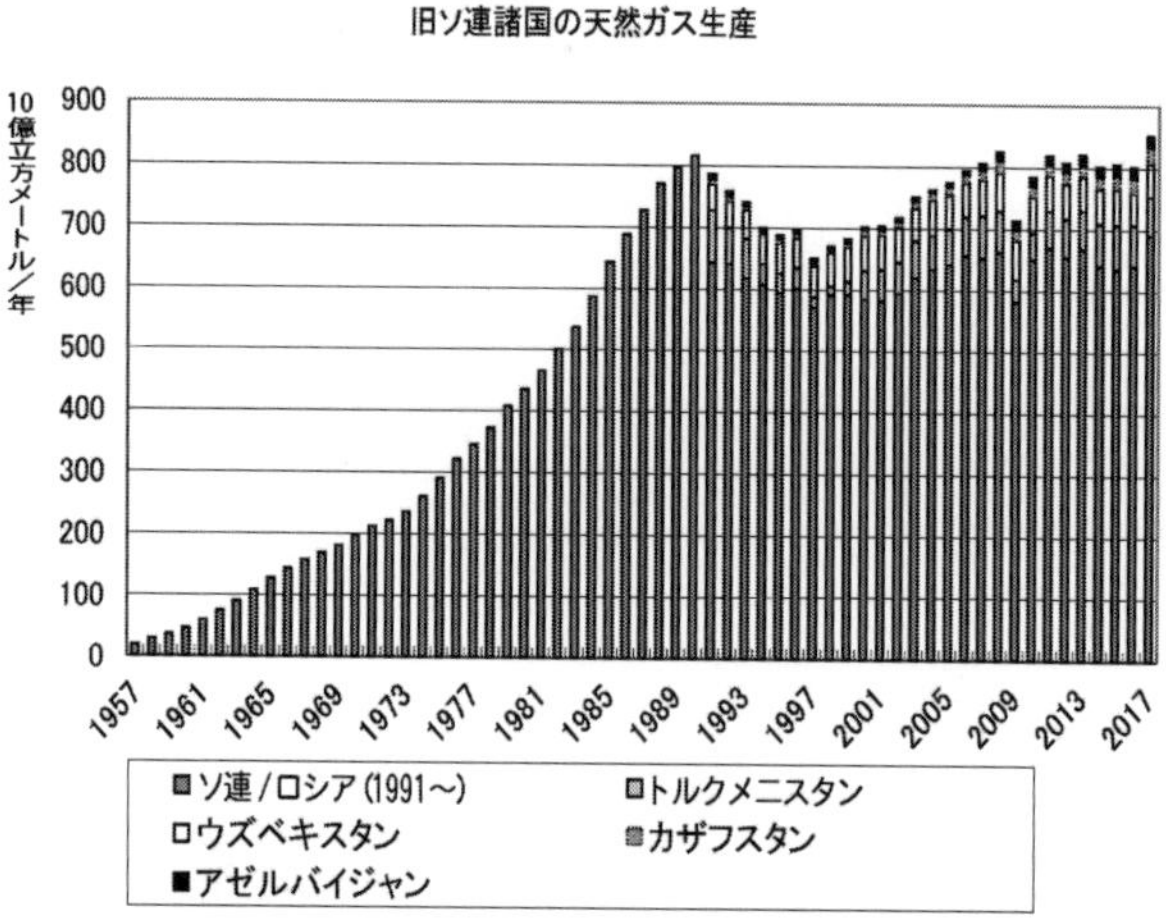

図1-5　ソ連及びCISの天然ガス生産履歴（1957-2017年）（報道から筆者作成）

ウクライナのウシュゴロドを経由して西ドイツに至る、口径一二二〇～一四二〇ミリメートル、総延長四二〇〇キロメートルの「北光パイプライン」が建設され、本格的な国際天然ガスパイプラインの時代が始まった（図1-6）。年間供給量は二九〇億立方メートルである（なお「北光」とはオーロラのことである）。このパイプライン建設に参加した東欧各国は、自国区間のパイプは自らの資金で建設せねばならなかったが、この天然ガス供給は、石油と並んで当時のコメコン体制を支える重要な柱となった。

　このパイプラインは、一九七三年十月

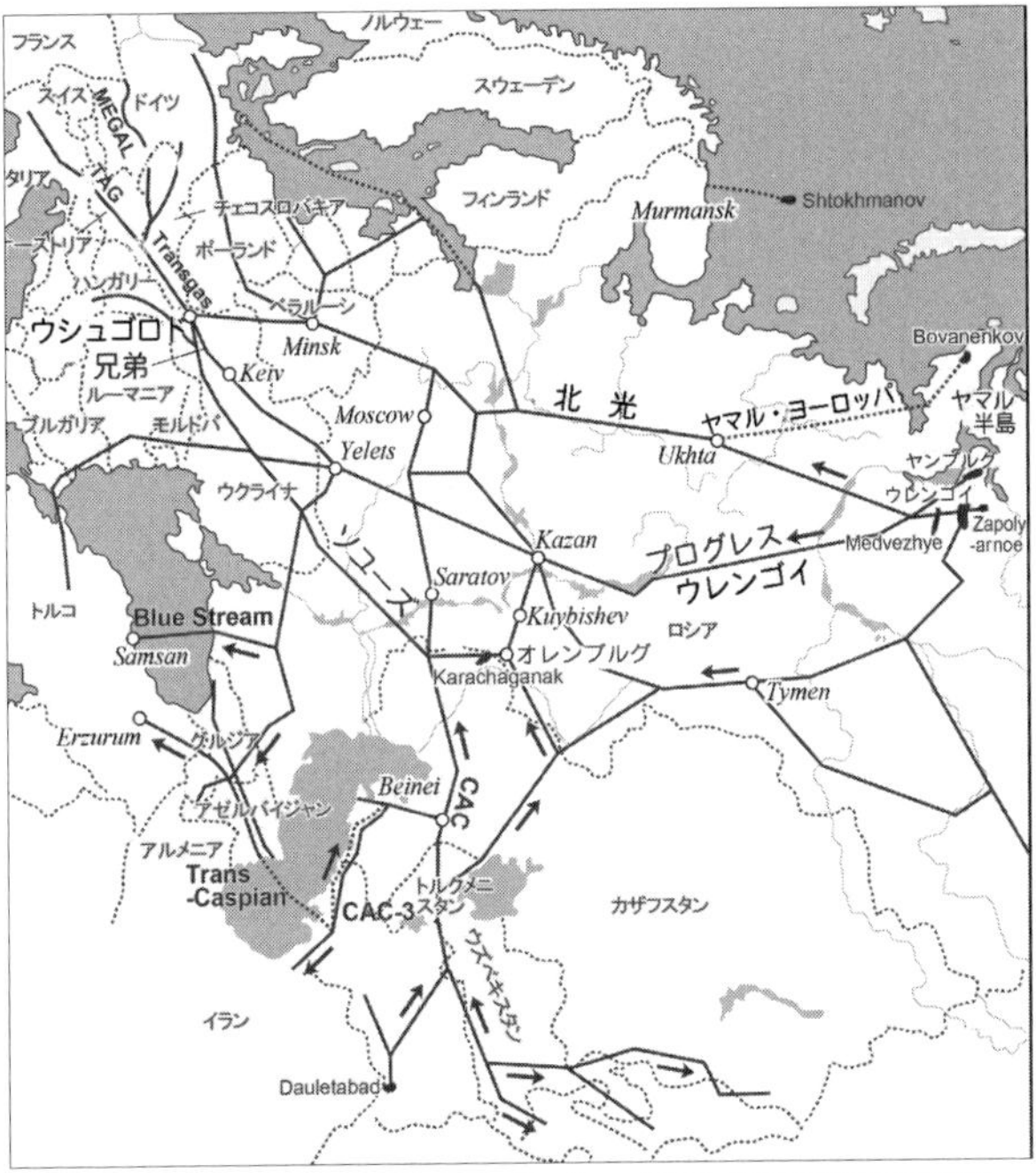

図1-6　ソ連から欧州へのガスパイプライン（RPIの図に筆者加筆修正）

名　称	起　点	開始年	総延長 (km)	容　量 (10億m³/年)	目的地 ウシュゴロド経由
兄弟	キエフ	1967	670	15	東欧諸国
北光	ウレンゴイ	1973	4,200	29	東欧、西欧
ソユーズ	オレンブルグ	1978	2,700	26	東欧、西欧
ウレンゴイ	ウレンゴイ	1984	4,500	28	西欧諸国
プログレス	ヤンブルグ	1989	4,600	28	東欧、西欧

表1-4 東欧・西欧向けの主要なロシア・ガスパイプライン（諸データから筆者作成）

に稼動を開始し、「赤い」ガスがいよいよ西側市場に入ることとなった。これ以降、表1-4に見るように、次々と東欧、西欧向けの長距離ガスパイプラインが建設されていった。それから四十年以上、ガスはウクライナとの紛争時を除いてトラブルなく流れ続け、西側のエネルギー業界からは欧州における最も安定的なエネルギーと認識されるようになった。

図1-7は、一九七〇年と二〇〇二年の欧州での天然ガスパイプラインの発達状況を比較したものである。一九七〇年では、オランダのフローニンゲン・ガス田やイタリアのポー川周辺のガス田地帯にローカルなパイプラインが敷かれていたに過ぎなかった。二〇〇〇年代にもなると、パイプラインが広域に張り巡らされ、欧州はロシアからのみならず、アルジェリアや北海からもガスを受け入れるようになった。広域パイプラインの有効性が認識されたからこそ、このようなインフラ整備が進んだと言える。

ソ連は、パイプラインを通して西側の市場を獲得し、ハードカレンシーを稼ぐことができたが、欧州の側もエネルギー調達の長期安定性という安全保障上の大きなメリットを得た。パイプラインは「互恵的」な性質を持つと言える。と同時に、ソ連には安定的に天然ガスを供給する義務があり、欧州も契約量を買い取る義務があるという「双務性」も前提

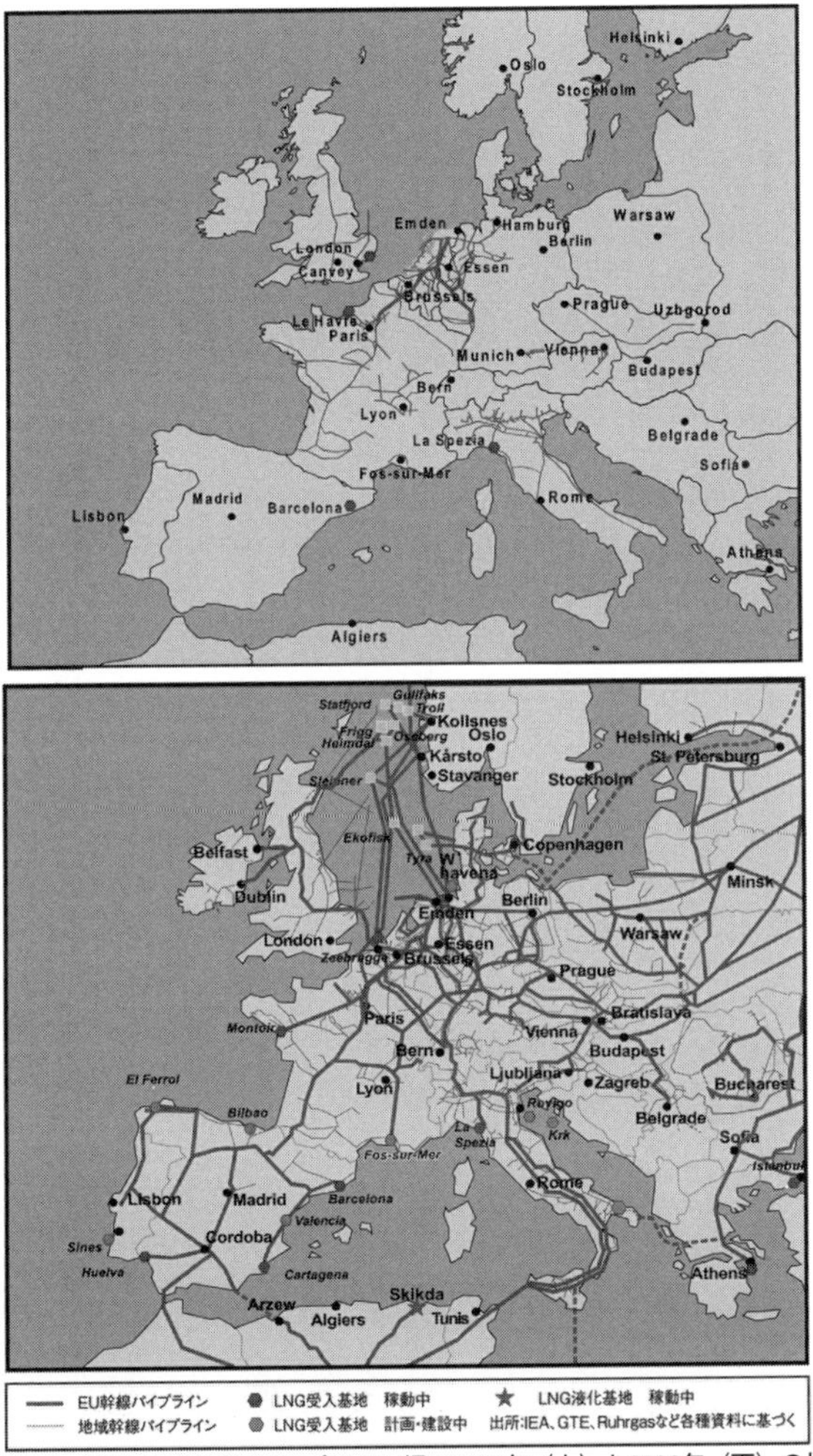

図1-7　欧州の天然ガスパイプライン網の1970年（上）と2002年（下）の比較
（石田聖、石油天然ガスレビュー、2005年、Vol. 39、No.4、 p.47-66）

となる。即ち、双方が粛々とその義務を果たすことによって初めてパイプライン・システムの安定性が担保される。要は、需要側と供給側はビジネスの世界では対等な協力関係にあるということである。

一般には、供給側が需要側よりも強い立場にあり、元栓をひねれば供給停止されてしまうではないか、という議論が目立つ。しかし、パイプラインのガスは電力や給熱分野で原子力、石油、LNG等との「燃料間競争」に常にさらされている。ひとたび供給停止を行えば、顧客は多少のタイムラグはあっても、他の安全で信頼性の高い燃料を選択し、そのパイプラインは未来永劫使用されることはないであろう。核戦略における「相互確証破壊」と同様に、理性的な指導者がいる限り、パイプラインを介しての関係国間の破滅的な闘争は自制的に回避される、というのが常識的な考え方である。

（4）米国レーガン政権による制裁

レーガン政権の発足した一九八一年、後にネオコンの代表的人物として名を馳せることになるリチャード・パール国防次官補（当時）は、一九七〇年代にドイツ、イタリア等によって進められたソ連の天然ガスを西欧にまで運ぶ「シベリア天然ガス・パイプライン」について米上院の公聴会において証言し、「欧州諸国がソ連のエネルギーに依存することは、米国と欧州の政治的・軍事的連携の弱体化に繋がる。ソ連の天然ガスが日々欧州に流れて来るという事は、ソ連の影響力も日毎に欧州まで及んで来るという事だ」と米国政府の懸念を表明した。そして、ポーランドでゼネストが発生し、十二月にヤルゼルスキ政権（当時）による戒厳令をソ連が支持したことを受け、米国はポーランドとソ連に対して、石油ガス関連機器の輸出禁止措置等の経済制裁を発動した。

前述のソ連から欧州向け天然ガス輸送プロジェクトが始動したのは、ちょうどニクソン政権（一九六九－一九七四）の時期に符合するが、ニクソン政権はトルーマン政権より長年にわたり継承されていたソ連に対する「封じ込め政策」に代えて、融和的な「デタント」政策を推進しており、このパイプライン政策を問題視することはなかった。パイプラインが開通して八年も経ってからレーガン政権はこれを問題視した。

ソビエト連邦が石油・ガスの輸出で得た収入は、一九七〇年で四・四四億ドル、ソ連の全外貨収入の一八・三パーセントであったのに対して、一九八〇年には、これが一四七億ドル、全外貨収入の六二・三パーセントと急激な増加を見せていた。この時のソ連経済は、今日と同様に石油・天然ガス輸出による収入に支えられるものとなっていた。これだけでも、東西冷戦時における対立を主導している米国にとっては看過できない規模であったと思われる。

欧州諸国は、ソ連の天然ガスをエネルギー源の分散戦略の一つとして導入し、あくまで自国の石油への依存を低下させ、国内のパイプライン関連産業を振興しようとする経済優先の考えであった。その後今日まで、約四十年にわたって天然ガスは安定的に供給され、欧州経済にとって重要な役割を果たした。

これに対して、米国のレーガン政権はあくまで一方的なソ連の西欧に対する政治的影響力の拡大、即ち『武器』としてのパイプラインという認識であり、経済面においてもソ連による外貨の獲得を危険視するものであった。

エネルギー供給を受けることが資源国への「隷属」であるという米国の考え方は、すでにこの頃から生じていた。この考え方はネオコンやそのシンパ（共鳴者）の間で共有されるものになっている。

一九九一年十二月にソビエト連邦が崩壊した時、欧州へのガス輸出はどうなったであろうか？　全く影響を受けなかった、ガスは粛々と送られ続けたというのが実態である。ソ連のガス輸出は、「ガスプロム」という国営企業が所管しており、ソ連という国家が消滅しても、シベリアのガス田や輸送インフラ、従業員はそのまま残っていた。それ以上に、個々のガス田はガスをフローし続けており、事業体としても事業収入を途絶えさせるわけにはいかないので、ガス販売という「営業」は滞りなく継続されたということである。このことは、ソ連によるガス輸出が純粋なビジネスであり、政治的な営為ではないことの何よりの証左と言える。

第2章　ロシア連邦時代の石油・ガス産業

1　石油・ガス生産の動向

(1) 激減から回復した石油生産

第1章の図1-4で見たように、一九九一年のソビエト連邦の崩壊による経済的な混乱により、石油の生産量は釣瓶落としのように減退した。一九九〇年代のエリツィン時代には最盛時の三分の二程度の水準まで低下している。これが回復したのは、一九九〇年代の終わり頃からで、次いでプーチン政権が発足した二〇〇〇年代には油価も回復して、ロシアの石油生産も勢いを増して来た。特にユコス、シブネフチ（現ガスプロムネフチ）などはシュルンベルジェ、ハリバートン等の米国の技術サービス会社と提携して水圧破砕法（油層に割れ目をつくり石油を流動しやすくして産出量を上げる方法）を大幅に適用し、急速な増産を達成していた。ロシア全体での増産率は、二〇〇三年には年率一一パーセントにもなった。

二〇〇三年九月、サウジアラビアのアブドラ皇太子（当時、後の第六代国王）がモスクワを訪問した。これは、この頃の世界の石油需要の急増に対応するため、サウジアラビアも日量八五〇万バレルから九五〇万バレルへと増産体制に入るため、ロシアの過剰な増産について自粛を求めたものである。この訪問は、同国建国時の一九三二年に、後に第二代国王となるサウド皇太子がモスクワを訪問して以来七一年ぶりということで、ロシア側でも大きく報じられた。

石油の急激な増産を回避するためにロシア政府は、各企業に増産自粛を指導するのではなく、原油輸出税を増税することによって、企業の増産意欲を抑制する方針をとった。その効果は、二年ほどしてようやく表れて、二〇〇五年の増産率は二・五パーセントまで抑え込まれた。これは、能動的な生産抑制策であり、ロシアが国際的な資源の価格管理に参加したということである。以降、ロシアとサウジアラビアの関係は緊密なものとなり、二〇一〇年代にはＯＰＥＣだけでなく、ロシアなど非ＯＰＥＣ諸国も参加する「ＯＰＥＣ＋」が、減産幅を決めるようになった。その発端は二〇〇三年のアブドラのモスクワ訪問にあったと言える。

一九三二年に、厳格なイスラム教の盟主の国サウジアラビアの皇太子が無神論国家のソ連を訪問した理由は、当時建国間もないサウジアラビアをソ連が最初に承認したことへの答礼である。サウジアラビアでの本格的な油田発見は一九三八年のダンマン油田であり、それまでのサウジアラビアは砂漠と駱駝だけの貧しい国に過ぎず、初代国王アブドルアジスは社会主義的な政策を志向していたという。もっとも、第二次大戦後は、大油田の発見でサウジアラビアと米国との関係が密接になり、ソ連との関係は疎遠になったが。

（2）軽微な落ち込みで回復したガスの生産

石油に比較すると、天然ガスに関しては、後述するようにガス産業を統括するガスプロムという事業体がパイプラインも含め一体として維持されたことから、体制転換後の減産は軽微であった（図1-5）。最大の減産は、皮肉なことにリーマンショック後の経済後退が顕著であった二〇〇九年で、ロシア国内はもとより、主要な輸出先であった欧州でも大幅な需要減となったことが影響している。

2　ロシア石油産業の再編

ソビエト連邦時代は、地質省が国土の基本的な地質情報を収集し、石油工業省とガス工業省がそれぞれ各油ガス田地帯にある生産企業合同を統括していた。石油部門は、ソ連崩壊直前の一九九一年十月にまず実施部門の「ロスネフチェガス」という事業体の集団になり、次いで十二月には政策部門として石油ガス工業省の後継となる燃料エネルギー省が設立された。そして、一九九三年四月から一九九五年にかけて、ロスネフチェガスから十の垂直統合石油企業（探鉱生産から精製流通までを一貫して手掛ける）が誕生した（図2-1）。

当初は、西シベリアの主要油田地帯に基盤を持

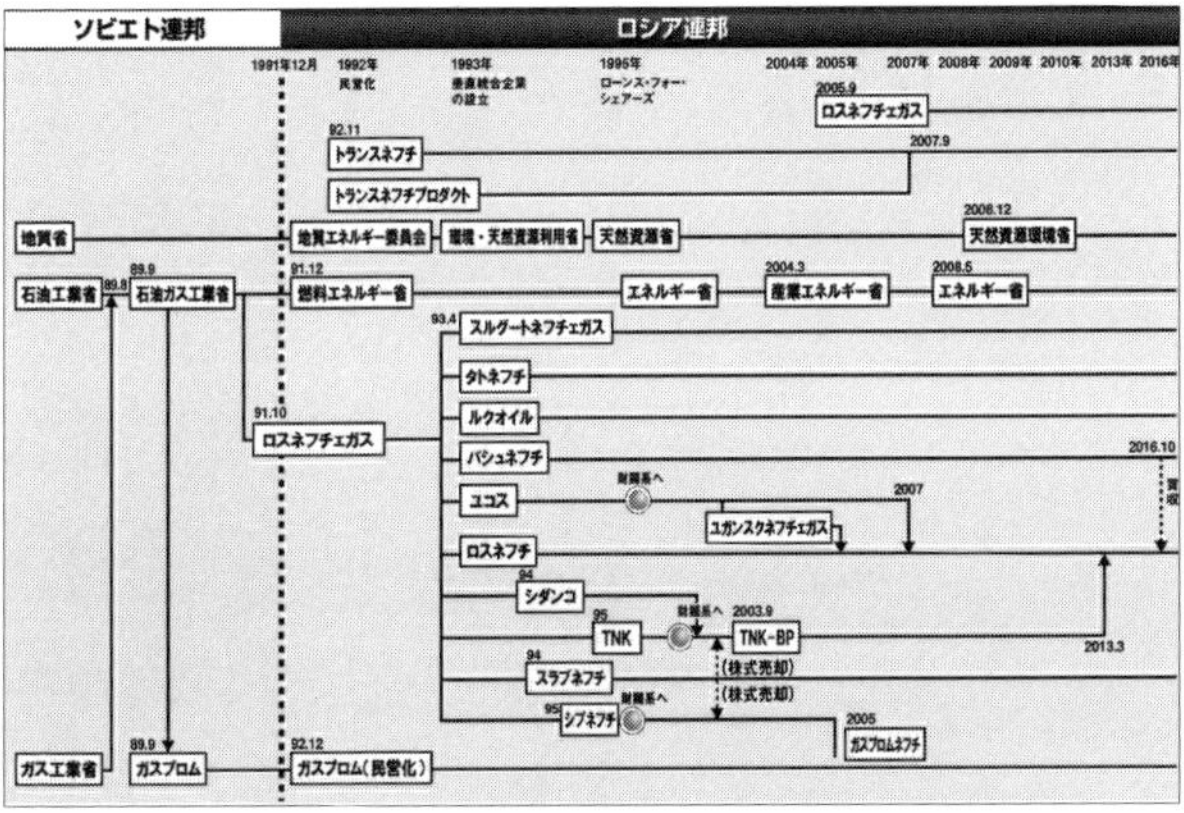

図2-1　ロシア石油産業の関係機関の変遷（諸情報から筆者作成）

つルクオイル、ユコス、スルグートネフチェガスの三社が最大規模であった。一九九五年には政府が大幅な資金不足となり、十の垂直統合企業の内、ユコス、シブネフチの二社の政府保有株を担保に新興財閥（オリガルヒ）から融資を受けることとなった。これが「ローンズ・フォー・シェアーズ（株式担保融資）」と言われる一連の動きであるが、その後政府に返済のめどが立たず担保流れとなって、ユコスは新興財閥のミハイル・ホドルコフスキーの、シブネフチはボリス・ベレゾフスキー（その後はロマン・アブラモービッチ）の傘下に入ることとなった。追って、一九九八、九九年にロシアのＴＮＫ（チュメニオイル）とＢＰが出資する石油会社の株式がこれもオリガルヒが所有するアルファグループとアクセス＝レノバに移った。石油企業にも「民営化（プライバティゼーション）」の波が押し寄せたと言われるが、実態はむしろオリガルヒによる石油産業の「私物化（パーソナライゼーション）」ではないのかという批判が巻き起こった。

3　主要な石油ガス企業の動き

(1) ロスネフチの拡大

ロスネフチは、一九九三年四月に設立された。しかし、当初は垂直統合企業としては第七位と規模も小さく、油田と精油所との連携も悪いなど非効率で、社内体制も不安定で内紛が絶えなかった。一九九八年にサハリンで操業する子会社のサハリンモルネフチェガスのボグダンチコフが社長に就任してようやく安定を取り戻した。

その頃、ガスプロムが株式を上場する考えがあったが、政府保有株が三九・三パーセントしかなく、政府株を五〇パーセント超とするために、一〇・七パーセント分を取得する必要が生じた。この規模がたまたま政府が百パーセントを保有するロスネフチの全株式に近いことから、二〇〇四年九月、ガスプロム自体が持つガスプロム株式の一〇・七パーセントと政府保有であるロスネフチ株式の百パーセントを交換して政府保有株を五〇パーセント超とし、ガスプロム株を上場するとともにロスネフチをガスプロムの傘下に収めることが、フラトコフ内閣で決定された（図2-2）。これは、ロスネフチにとっては驚天動地の決定であり、その日シベリアに出張する予定だったボグダンチコフ社長は、旅行鞄を脇において立ったまま記者会見に臨んだという。

この前年の二〇〇三年十月にシベリアのノボシビリスク空港においてユコス社長のホドルコフスキーが脱税容疑で逮捕されていたが、これを受け二〇〇四年十二月になって、接収されたユコスの主要子会社であるユガンスクネフチェガスが競売に付されることになった。この会社は、西シベリアの油田群を擁するユコス全体の六割を占める大規模な現地操業会社で、極めて有望な資産である。十二月十九日、これを九三・五億ドルで落札したのが、バイカルファイナンスグループという全く無名で実態不明の会社であった。ところが二三日になって、更に驚くべきことに、この会社をロスネフチが買収して、ユガンスクネフチェガスを傘下に収めた。図2-2の企業を表す四角は、概ねその資産規模を表しているが、これで見るように、ロスネフチは自分の数倍の規模の企業を買収したことになる。

ロスネフチには当然この資金はない。すると年の明けた二〇〇五年一月七日、ボクダンチコフ社長とフリステンコ産業エネルギー相（当時）が北京に飛び、中国国営の中国石油天然気集団公司（CNPC）から、六年間に四八四〇万トンの原油を供給する前払いとして六〇億ドルを調達した（表2-1）。こうしてロスネフチはユガンスクネフチェガスの買収を成功させ、大規模な石油会社へと変容した。この時のロスネフチの会長は大統領府副長官でもあったイーゴリ・セチンであり、十二月の落札に要した九三・五億ドルの大部分は政府系銀行によるつなぎ融資であった。政府内でもこの動きに協力した勢力があったということになる。

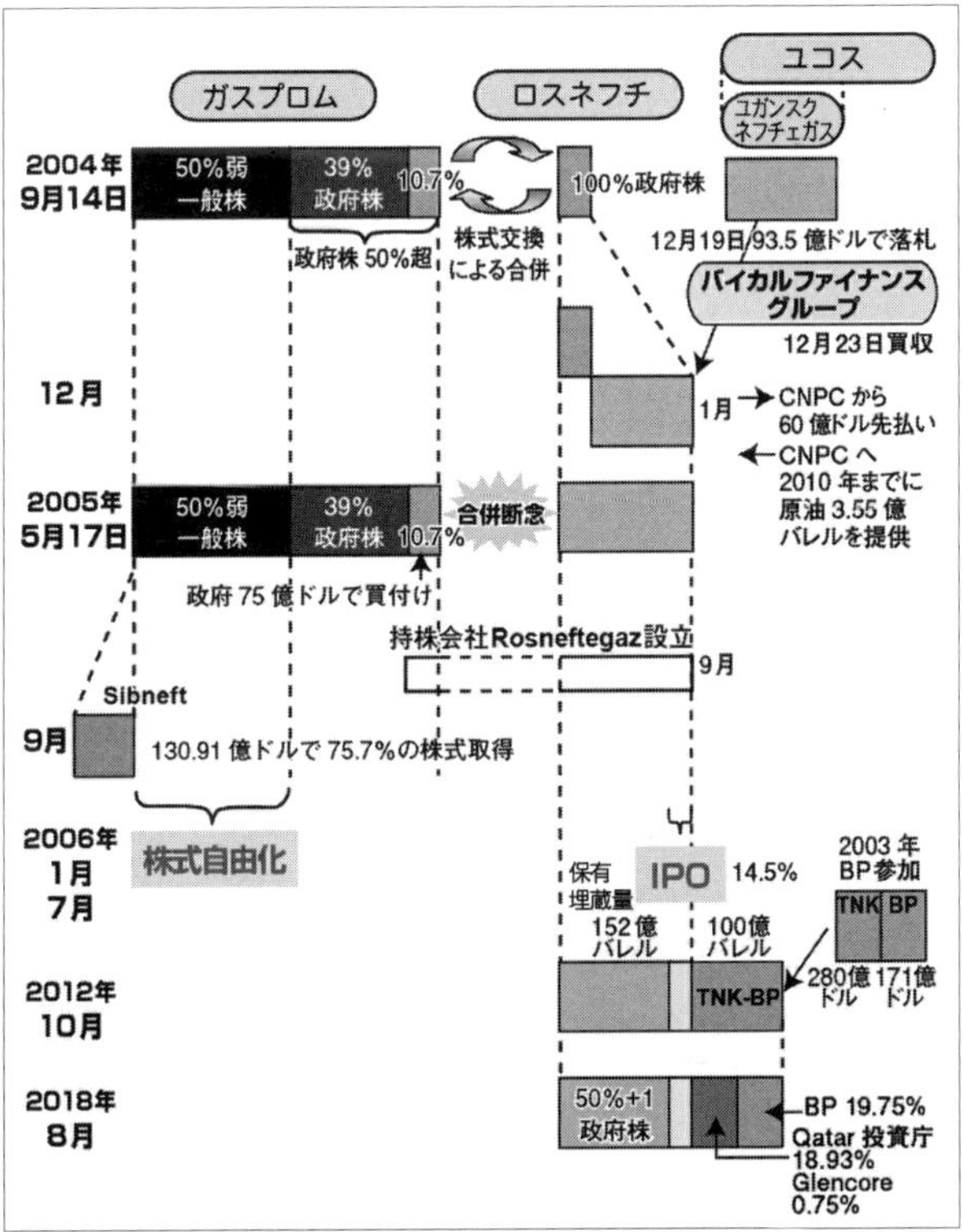

図2-2　ロスネフチを巡るM&Aと株式売却の経緯（諸情報からJOGMEC作成）

そもそもユコスのホドルコフスキー逮捕のシナリオを描いたのもセチンと言われている。これらは、「私物化」されたロシアの石油産業を国家の手に取り戻そうとする動きと言える。

いったん政府が決定したガスプロムとロスネフチの合併話は、二〇〇五年五月に放棄されることになり、同年九月には、ロスネフチの百パーセントの株式とガスプロムの一〇・七パーセントの株式を保有する持ち株会社ロスネフチェガスが改めて設立された（一九九一年の組織と偶々同じ名前だが）。この時の政府によるガスプロム株一〇・七パーセントの買い取り資金七五億ドルを原資に、ガスプロムはシブネフチ株の七五・七パーセントを一三〇・九一億ドルで買収して石油部門の子会社とし、社名をガスプロムネフチへと変更した。

その後も、二〇〇七年にかけてユコス資産が競売にかけられると、ロスネフチがそれも買収して、石油生産量でルクオイルを抜いてロシア最大の石油会社となった。更に、二〇一三年三月には、やはりオリガルヒ傘下となっていたＴＮＫ－ＢＰを四五一億ドルで買収して、ロシア全体の四割の石油を生産する一大チャンピオン企業となった（図2-1）。この買収に対応して、ＴＮＫ－ＢＰの五〇パーセントを保有していたＢＰもロスネフチ株の一九・七五パーセントを保有し、ロスネフチの役員会に取締役二名を送り込むなど、両社の強固な協力関係が構築された。

二〇一六年十月、ロスネフチはバシコルトスタン共和国の石油会社バシネフチの全株式を取得した。一方で同年十二月、スイスのグレンコアとＱＩＡ（カタール投資庁）の連合に一九・五パーセントの株式を売却することで合意した。翌年九月には中国のＣＥＦＣ（華信能源）にその内の一四・一六パーセント譲渡の話があったものの、同社社長の葉簡明が中国当局に逮捕されたことから、同社の参加は見送られ、二〇一八年八月にＱＩＡが一八・九三パーセント、グレンコアが〇・五七パーセ

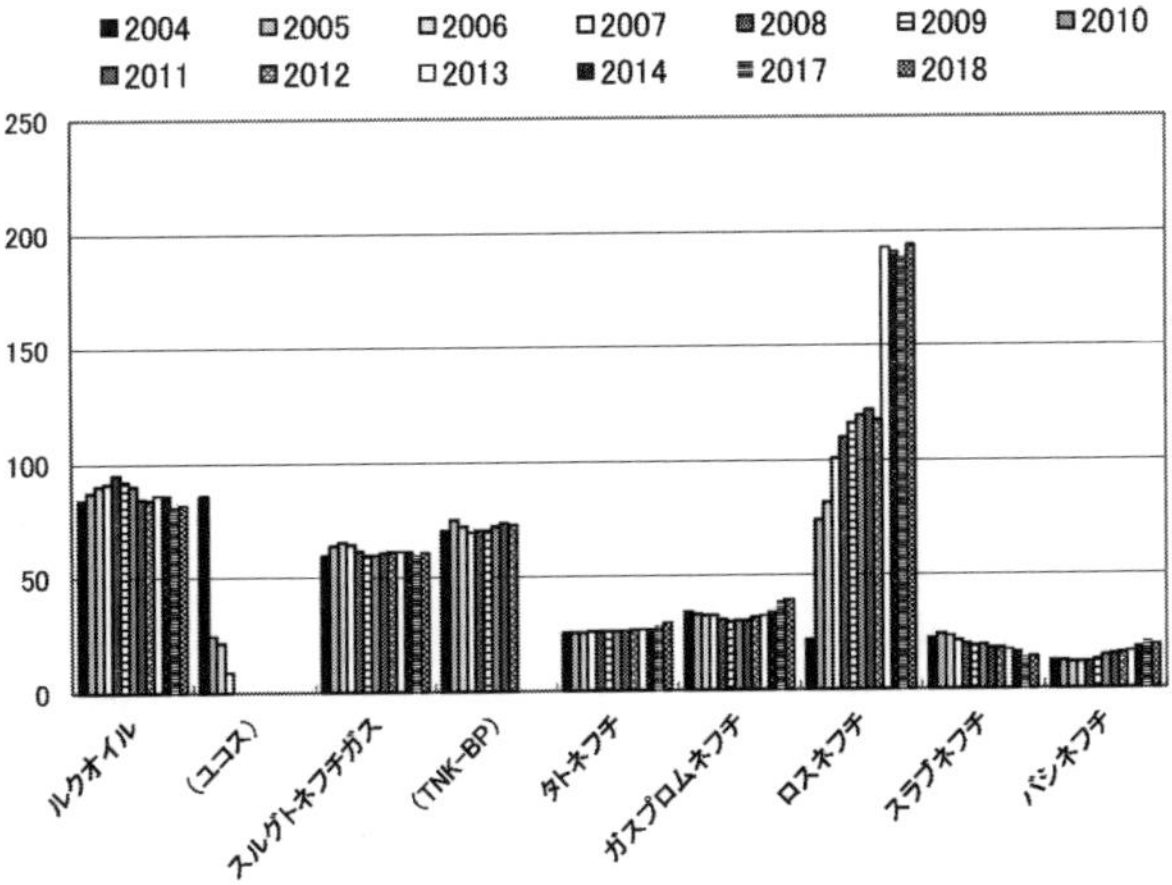

図2-3 各石油企業の石油生産量（2004年～2018年）（諸報道に基づきJOGMEC作成）

ント参加することがロシア外国投資監視委員会により承認された。二〇一七年九月二九日からは、前ドイツ首相であるゲアハルト・シュレーダーがロスネフチの会長に就任しており、非常に国際色の強い石油会社となっている。

図2-3に見るごとく、ロスネフチの生産量はユコス、TNK－BP等の買収を重ねた結果、ロシアでの存在感は際立っている。問題はこのために数百億ドルを超える負債を抱えるなど、綱渡りの資金繰りが続いている点である。このため、中国石油天然気集団公司（CNPC）及び中国石油化工集団公司（Sinopec）からの前払い金を受けて、見返りに長期の石油の輸出を約束している（表2-1）。

（2）ガスプロムの事業展開

相 手	年	期間	輸出量/年	輸出総量	総額	前払い金	輸出ルート
CNPC	6	2005-2010	1,000万t	4,840万t	−	$60億	鉄道
CNPC	20	2011-2030	1,500万t	3億t	−	($150億)	大慶支線
CNPC	25	2013-2037	1,460万t	3.65億t	$2,700億	$600億	大慶支線
CNPC	10	2014-2023	700万t	3,500万t			カザフ
Sinopec	10	2014-2023	1,000万t	1億t	$850億	$255億	ESPO
CNPC	7	2017-2023	300万t	2,100万t			カザフ
CEFC	5	2018-2022	1,000万t	5,000万t			ESPO

表2-1　CNPC及びSinopecからの前払い金と対中原油輸出コミット

ソ連時代末期の一九八九年八月、石油分野を管轄する石油工業省と、ガス分野を管轄するガス工業省が合併して石油ガス工業省となった（図２-１）。この時、ガスの現業部門がガス事業の独自性を主張して分離独立し、「ガスプロム」として発足した。一九九一年十二月のソ連崩壊の後も、ガス事業の一体性は維持され、翌一九九二年十二月には株式を上場して民営化を果たした。ソ連崩壊後、石油に比べてガスの生産量の落ち込みがより軽微であった理由も、この組織の一体性にあったと言える。

ガスプロムの株主構成は表２-２の通りで、政府保有分は五〇・二三パーセントと過半を占めている。

西シベリア堆積盆地の北部はガス田地帯であり、一九六〇年代にガスプロムの前身であるガス工業省はこれら巨大ガス田を開発し、同時にパイプラインを整備してきた（図１-３）。

ロシア連邦になってからの最大の開発事業は、陸域では最北の地となるヤマル半島のボワネンコフ・ガス田（埋蔵量世界第七位）である。ここでは一九七〇年代に、ヤマル半島の永久凍土

ガスプロム株主	シェア
連邦国家資産管理庁	38.37
ロスネフチェガス	10.97
ロスガジフィカツィヤ	0.89
小計（政府保有分）	50.23
ADR（米国預託証券）保有者	25.20
その他組織、個人	24.57

表2-2　ガスプロムの株主構成
（2017年12月31日時点）

の湿原上を北に向かう鉄道を引いて、資機材、人員輸送の手段を確保してから試掘を行い、ガスが発見されていた（図1-3、2-4）。しかし、ソ連崩壊で事業の継続が困難になって一旦は放棄され、二〇〇〇年代に鉄道の修復から再び工事が着手された。次いでガス生産井の掘削と欧州まで出荷できるヤマル＝ヨーロッパガスパイプラインの建設が進められ（図2-5）、ようやく二〇一二年十月に生産開始となった。

このガスは、バルト海から先はノルドストリームパイプラインによってドイツまで輸出されている。現在の生産量は年産九〇〇億立方メートルで、単一のガス田ではガスプロムの生産量の六分の一を賄う規模であるが、更に年産一一五〇億立方メートルへ増強して約四分の一を賄う計画である。二〇一九年には北北西にあるハラサヴェイ・ガス田の本格開発が開始され、二〇二三年には生産開始を目指す。ロシアにおけるガスの生産地として、ヤマル半島陸域の存在感は増々高まっている。

ガスプロムは国内でのガス生産と並んで、幹線ガスパイプラインの操業も独占している。総延長は一七万七〇〇キロメートルで、ガスパイプライン会社としても世界最大規模である。また、二〇〇六年成立の「ガス輸出法」により、パイプラインによるガス輸出の独占

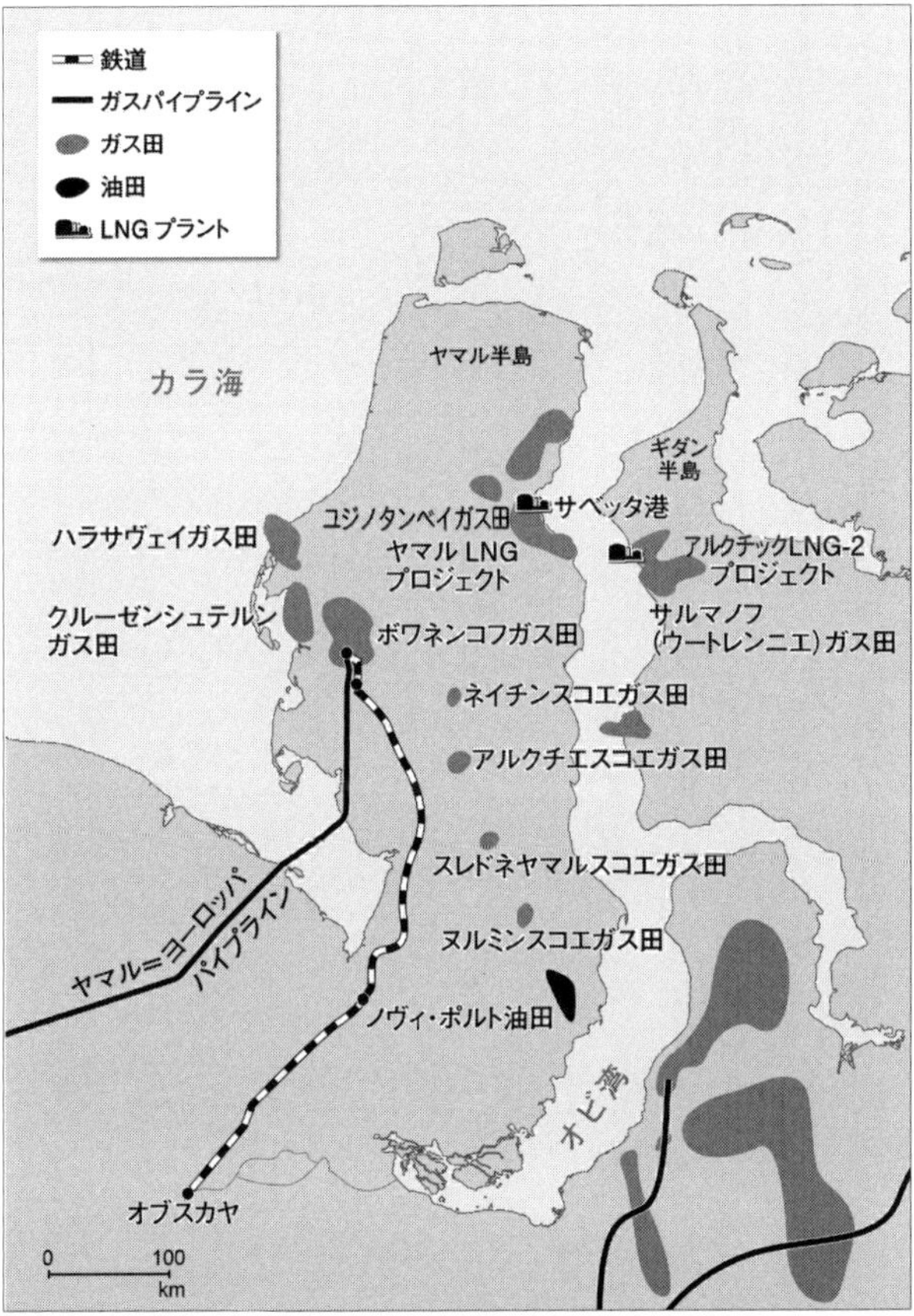

図2-4　ヤマル半島での油ガス田開発（諸情報からJOGMEC作成）

権が付与されている。

輸出用パイプラインに関しては、第1章に記した通り、ソ連時代に一九六八年にオーストリア、一九七三年に西ドイツ向けにガス輸出を開始した。二〇〇二年には黒海経由でトルコへ容量一六〇億立方メートル（年）のガスを送るブルー・ストリーム、二〇一一年にはバルト海を経由してドイツのグライフスバルトに至る、容量五五〇億立方メートル（年）のノルドストリームが稼働を開始した。これら国際パイプラインの整備によって、ロシアで生産された天然ガスの約四分の一が輸出に回されている。

主要なパイプラインに関する議論は第3章で紹介する。

（3）ガスプロムネフチの北極圏の石油開発事業

北極圏のパイプライン出荷によるガス事業は主にガスプロムが、LNGではノバテックが操業しているが（第3章6節に詳述）、石油に関しては、ガスプロムの石油部門子会社のガスプロムネフチが進めている。

まず、バレンツ海においては、北極海での最初の海洋油田となったプリラズロムノエ油田の開発がある（図2-5）。これは、ソ連時代の一九八九年にガスプロムにより発見されたが、生産開始は二〇一三年である。二〇一六年には日量四・三万バレルを生産し、小規模ながら北極海での油田操業・環境保護の経験蓄積に貢献している。生産開始時にはグリーンピースがプラットフォームに上がり、氷海での油流出対策が不十分であることを告発した。これに対して同社は、この技術に関する国際共同事業体（コンソーシアム）に参加し

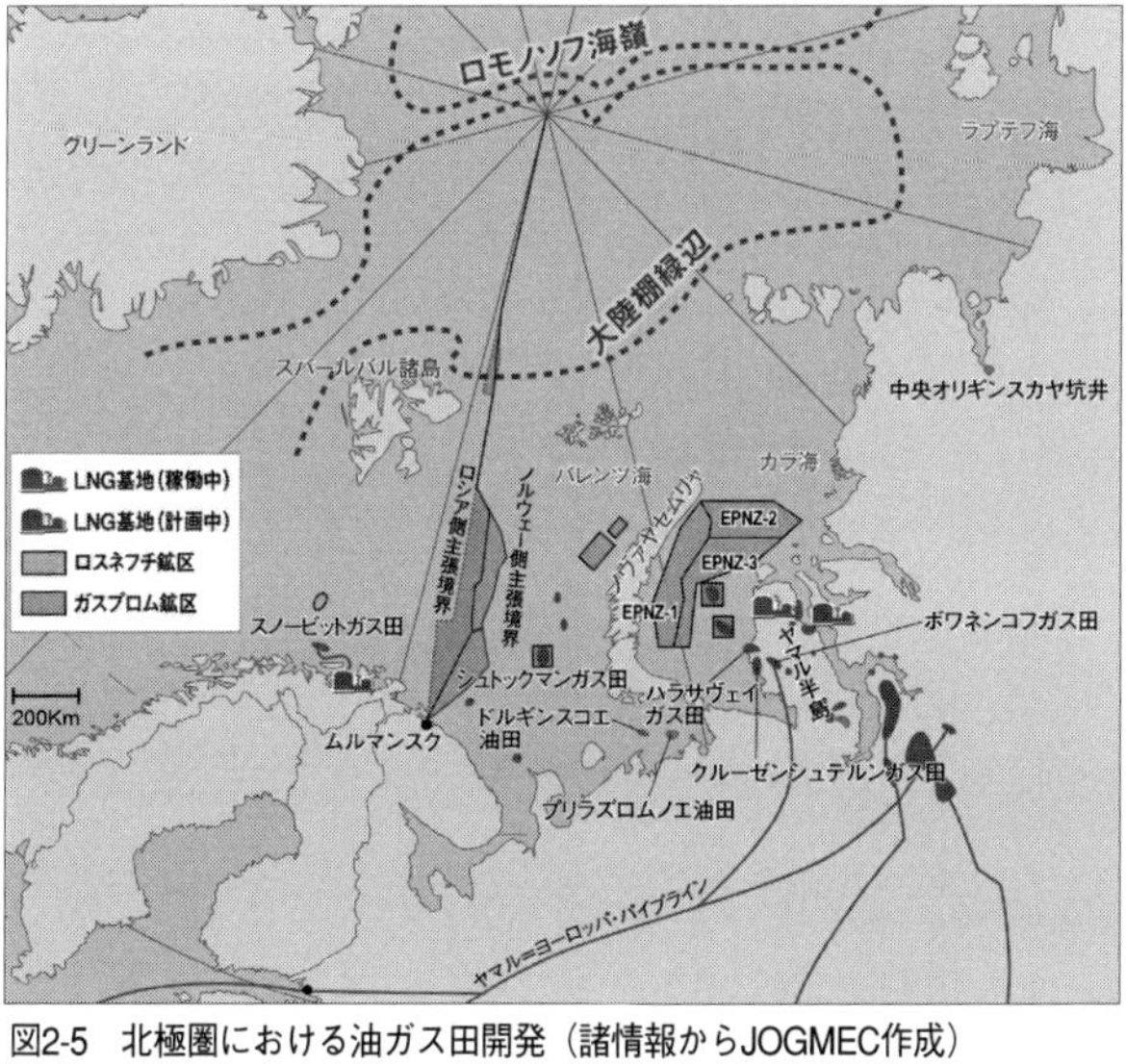

図2-5　北極圏における油ガス田開発（諸情報からJOGMEC作成）

て研究を進めており、北極圏事業を展開する中で安全対策を進めて行くという姿勢である。

この油田の約五〇キロメートル西方に、より規模の大きいドルギンスコエ油田が発見されており、今後の開発対象となる見込みである。

ヤマル半島を北北西から南南東方向に走る長大な背斜軸（背斜構造〈22ページ〉の連なる線）があり、それに沿って七つのガス田が並んでいる（図2-4）。その最も南南東に位置するノヴィ・ポルトは当初ガス田として深度千メートル付近が開発されたが、地質学的な予測に基づき一九八三年に三千メートル級の深掘りによってガス層の下位に油層を発見した。ただし、消費地へ石油を搬送するパイプラインを敷設することは経済的に困難で、長らく石油鉱床は手付かずとなっていた。近年、氷の後退により北極海の活用が活発になり、ようやく二〇一四年から砕氷船のエスコートによるタンカー搬出が開始され、「ノヴィ・ポルト油田」としての本格生産が可能となった。二〇二一年には、能力一杯の日量一七万バレルを生産する見込みである。今後、近隣へ開発の手が延びて行くものと見られる。十年後には、ヤマル半島南部が活発な石油地帯となることが予測される。

（4）サハリン大陸棚開発事業（サハリン1～5）

サハリン大陸棚にはソ連時代に日本のサハリン石油開発協力株式会社（ＳＯＤＥＣＯ）が参加していたが、ロシア連邦時代となって、一九九六年に設定された「生産物分与（ＰＳ）法」に先行して一九九五年六月にサハリン1で、一九九四年六月にサハリン2で各々ＰＳ契約が結ばれた。

サハリン1には、ＳＯＤＥＣＯの承継企業として「サハリン石油ガス開発株式会社」（新ＳＯＤＥＣＯ）が三〇パーセントの権益で参加し、エクソンモービル（三〇パーセント）がオペレーターとなった。チャイボ油田は二〇〇五年に生産開始（輸出は翌年から）、オドプト油田は二〇一一年、アルクトン＝ダギ油田は二〇一五年に生産開始となった。

サハリン2にはロイヤルダッチシェルの他、日本から三井物産、三菱商事が参加した。この権益を巡る議論については第4章に記した。特筆すべきは、二〇〇九年三月にロシア初のＬＮＧが生産開始となった点である。その七割程度を日本が輸入している。二〇一七年のＬＮＧ生産量は一一五〇万トンと最大となった。

サハリン3のキリン鉱区（ガスプロム一〇〇パーセント）には三〇・九兆立方フィートの膨大なガスがあり、アヤシ鉱区（ガスプロムネフチ一〇〇パーセント）では近年二油田が発見されて注目を集めている。

　各鉱区での油ガス田の位置を図2-6に、活動状況を表2-3にまとめた。

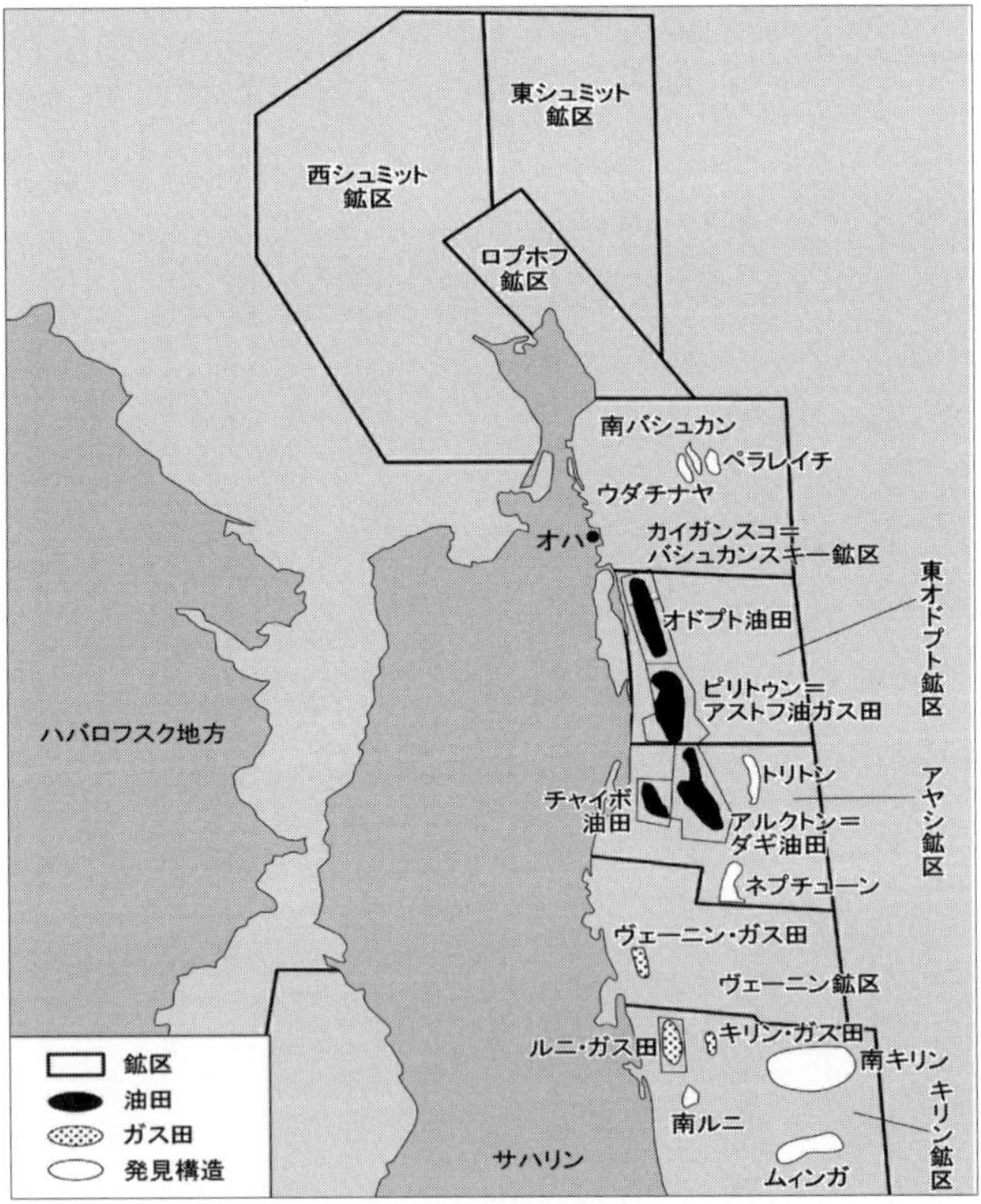

図2-6　サハリン北東大陸棚での鉱区と発見油ガス田（諸情報からJOGMEC作成）

表2-3　サハリン1〜5の事業一覧（諸情報から筆者作成）

プロジェクト	ブロックと油ガス田	石油・天然ガス埋蔵量	鉱区権者(%)	備　考
サハリン1	オドプト、チャイボ、アルクトン=ダギ	3.25億t(23億バレル) 4850億m³(17.1兆cf)	エクソンモービル(30)、新SODECO(30), ONGC(20),SMNG(11.5) ,ロスネフチ(8.5)	総投資額 170億ドル。2005年10月原油ガス生産開始。2006年デカストリから輸出開始。生産量約16万 バレル/日（2009年）。ガスの販売先未定。2010年9月オドプト生産開始。2015年1月アルクトン=ダギ生産開始。
サハリン2	ルニ、ピリトゥン=アストフ	1.5億t (11億バレル) 5000億m³(17.1兆cf)	ガスプロム(50+1),シェル(27.5-1), 三井物産(12.5), 三菱商事(10)	サハリンエナジー操業。総投資額　200億ドル。フェーズ1、1999PA-A（モリクパク）生産。フェーズ2、PA-B、ルニからプリゴロドノエへ石油ガスパイプライン（800km）建設。2009年3月LNG 960万t/年生産開始。
サハリン3	東オドプト		ガスプロムネフチ(100)	1993年エクソンモービルが落札。特段の探鉱実績はなし。2004年1月ライセンス発行見送り。ガスプロムが2009年6月取得。
	アヤシ	4.16億t(30億バレル)	ガスプロムネフチ(100)	同上。2017年ネプチューン油田、2018年トリトン油田発見。
	ヴェーニン		ロスネフチ(74.9),Sinopec(25.1)	ロスネフチ100%。2005年Sinopec参加。06年から3坑試掘。北ヴェーニンで出ガス。
	キリン	8,750億m³(30.9兆cf)	ガスプロム（100）	1993年、テキサコが落札、97-98年3D地震探鉱。2008年、ガスプロムが取得、2009年7月試掘。10年8月南キリン、11年ムィンガ発見。13年10月海底生産システムでキリン生産開始。
サハリン4	西シュミット（アストラハン）		ロスネフチ(51),BP(49)/2009.3撤退	アストラハン鉱区においてロスネフチが2000年に試掘。2007年2坑不成功。
サハリン5	東シュミット（カイガンスコ=ヴァシュカン）		エルヴァリ・ネフチガス ロスネフチ(51), BP(49)/2011.12撤退	1998年、BP参加。2002年ライセンス取得。試掘ペラチェ（2004年）、ウダチナヤ（2005年）、南ヴァシュカン（2006年）で成功3坑。不成功1坑。2012.12撤退。

＊SODECO＝サハリン石油ガス開発。サハリン1開発推進のために、日本政府がと伊藤忠、丸紅、JAPEXなどが共同出資しして設立された企業。
ONGC＝インド石油天然ガス国営会社
SMNG＝ロスネフチ参加の企業サハリンモルチェフチェガス

第3章　ロシアの国際的なエネルギー輸送戦略

1　エネルギー資源は「武器」か？

ロシアによるエネルギー資源の輸出に関しては、その戦略性について注目される傾向が強い。そして、ロシアが石油・ガスを戦略的な「武器」として使用しているとの批判が、欧米のジャーナリズムや政治家の発言でよくなされる。この見方は広く浸透しているが、産業界の見方は異なる。

エネルギー資源は保有しているだけでは意味をなさず、市場となる消費地まで輸送され、販売されることで、初めて経済行為として成り立つ。そして、これを成り立たせるためのパイプラインやLNG基地等の輸送インフラは、二十年、三十年といった長期の契約期間を前提とするので、エネルギー資源を巡る資源国と消費国との関係は、「エネルギー同盟」とも言うべき、強固で安定的なものとなるのが通常である。

重要なのは、第1章にも記した通り、それぞれが供給責任および買取り責任を持つという「双務性」があり、それによりお互いが利益とエネルギーの安全保障を享受できるという「互恵性」があるということ、即ち資源国と消費国は対等であるということである。資源国側が優位に立って、資源を「武器」とするという理解は、ビジネスの実態からは大きく乖離したものと言える。

また、今後のエネルギー分野への投資は、二十年、三十年先の需要動向を踏まえてなされることから、その時々の政治的な国際関係とは一線を画した、より長期を見通した取り組みがなされる。このようなことから、エネルギー分野では、経済合理性に徹し、ことさらに事態を政治化することは避ける傾向が顕著である。

以下に、近年話題となり、一方で批判も絶えないロシアからのエネルギー輸送システムに関して見て行きたい。

2　「東シベリア—太平洋（ESPO）」石油パイプライン

（1）ロシアのアジア市場重視戦略

二〇〇四年五月、七二パーセントという圧倒的な得票率で再選を果たしたプーチン大統領は、第二期目の大統領年次教書の中で、特に新規パイプラインの必要性を強調した。これは、ロシアの西にある欧州と東の北東アジア双方の市場へのアクセスを容易にしようとする政策である。この内、西ではバルト海のプリモルスクに至るライン、東では東シベリアのタイシェットからナホトカ及び、中国へ至るラインがその後完成した。特に、東方に至るパイプラインは全く新規の市場を獲得するものであり、ロシアにとって大きな意義が見込めるものと見なされた（図3-1）。

東シベリアからの石油パイプラインに関しては、一九九八年にユコスとCNPCが中国向けの「大慶ルート」計画を発表し、二〇〇一年七月にはプーチン・江沢民の間で基本合意がなされた。同じ年の七月、これに対抗するかのようにロシア国営パイプライン会社で

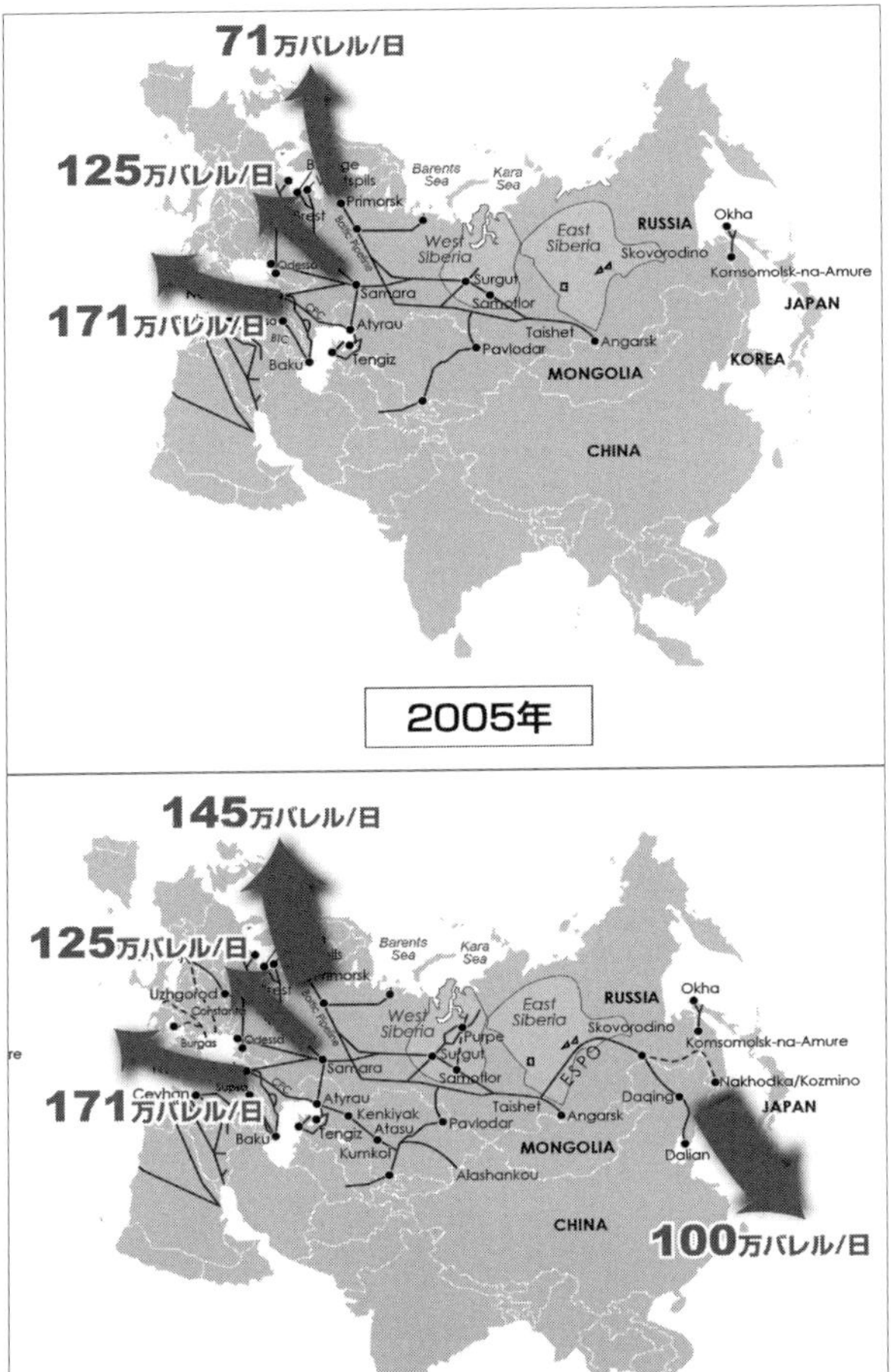

図3-1　ロシアから原油輸出の変化（JOGMEC作成）

あるトランスネフチがバイカル湖に近いアンガルスクからナホトカに至るルートを提唱した。二〇〇三年一月に訪ロした小泉首相（当時）は、プーチン大統領と「日ロ行動計画」に調印し、日本として「アンガルスク・ナホトカ」ルートへの明確な支持を表明し、これを受けてカシヤノフ首相（当時）が五月に「二〇二〇年までのロシアのエネルギー戦略」を承認する中で、「大慶への支線を伴うアンガルスク・ナホトカルート」が明記された。即ち、ナホトカへのルートが「本線」、中国向けが「支線」という扱いである。パイプラインは「東シベリア－太平洋（ESPO）」パイプラインと名付けられた。

その後、計画は練り直され、二〇〇四年にはシベリア鉄道とバム鉄道の分岐点であるタイシェットからバイカル湖北方を通りスコボロディノまでをESPO1とし、そこからナホトカの先のコジミノ・ターミナルまでを鉄道で輸送し、追って、ほぼ同ルートにおいてESPO2としてパイプライン建設を行うこととした（図3-2）。

ESPO1の工事は二〇〇九年十二月末に完成し、スコボロディノからはコジミノ・ターミナルまで鉄道輸送され、「ESPO原油」の輸出が開始された。能力は日量三〇万バレルである。タンカー一隻毎の入札というスポット取引であり、ドバイ原油に対するプレ

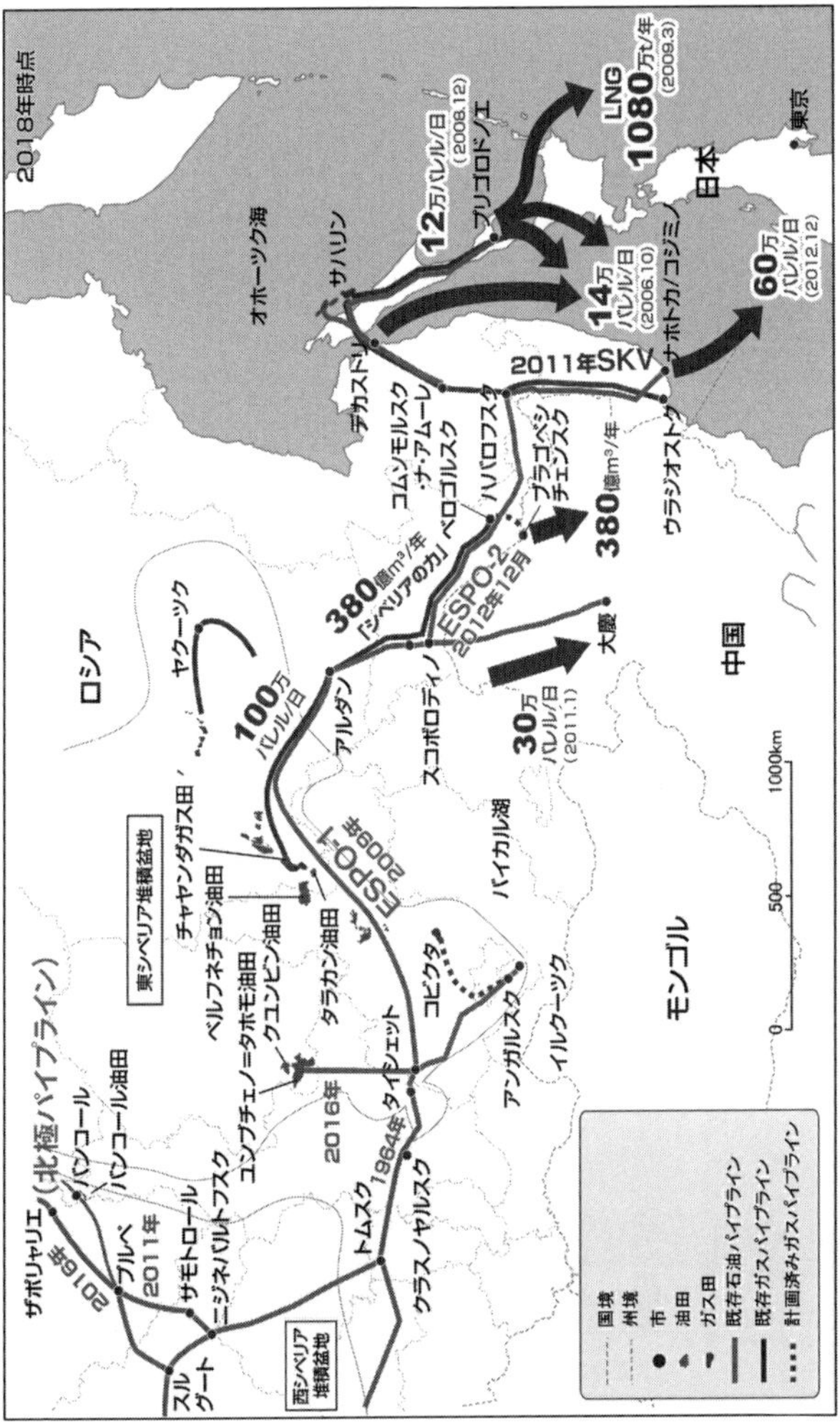

図3-2　北東アジアの石油・ガスフロー（JOGMEC作成）

ミアム額を競うものである。当初こそドバイ原油の価格を下回ったが、半年ほどして人気が出て、時に一バレル当り数ドルのプレミアムが付いた。これは、ＥＳＰＯ原油が軽質で、硫黄分が〇・六パーセント以下とスイートな性状であることが市場で好感されたものである。

北東アジアでのエネルギー・フローは、二〇〇〇年代に急速に変化した。図3-2に見るように、まずサハリン1が二〇〇六年十月にデカストリのターミナルから石油を、サハリン2が二〇〇八年十二月にプリゴロドノエのターミナルから石油、次いで二〇〇九年三月にＬＮＧの輸出を開始した。続いて、二〇〇九年十二月末からナホトカ近くのコジミノ港からＥＳＰＯ原油

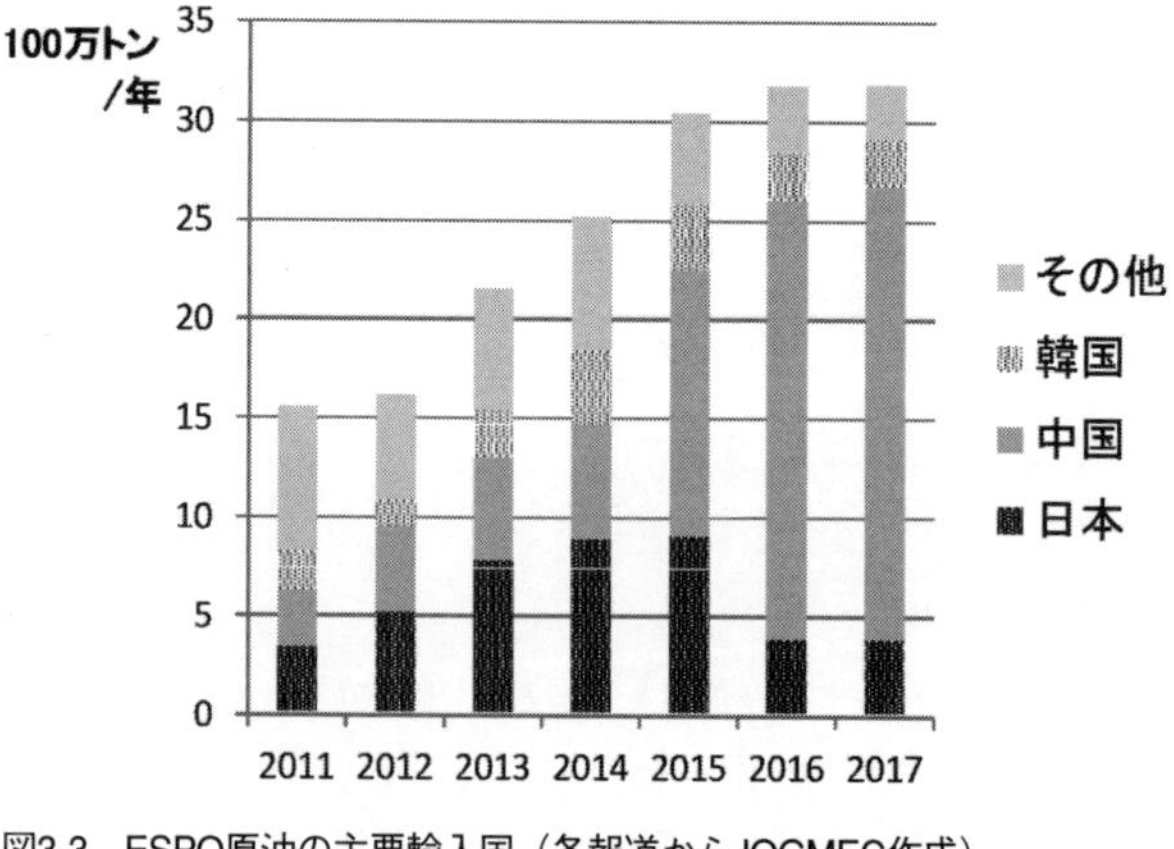

図3-3　ESPO原油の主要輸入国（各報道からJOGMEC作成）

が輸出され、二〇一一年一月に大慶支線により、中国黒竜江省に直接、ESPO原油が輸出されるようになった。図3-1に示す大きなフローの転換は、このように複数のプロジェクトの始動により実現したものである。

(2) ロシアから日本への石油供給

ESPO原油の出荷は、二〇〇九年の末から始まったが、二〇一四年までは日本はその約三〇パーセントを輸入し、第一位であった。日本にとっても、ESPO原油は主要な原油ソースであり、二〇一五年にはサハリン原油と併せて日本の原油輸入の八・五パーセントを占め、中東依存度はそれまでの九〇パーセント台が八二パーセントまで低下した。しかし、二〇一六年から中国によるESPO原油をはじめとする石油の「爆買い」が始まって、二〇一六年、二〇一七年とESPO原油に占める中国向けの割合が約七〇パーセントとなった（図3-3）。日本のESPO原油の輸入量は半減し、日本の中東依存度は再び上昇した。ESPO原油は入札制であり、高値を付けた方が買う権利がある。ここ三年程は、日本が中国に買い負けている状況である。

3　中国への天然ガスパイプラインにおけるトルクメニスタンとロシアの競争

前述の二〇〇四年のプーチン大統領教書においても石油だけでなく、中国の天然ガス市場としての可能性にふれており、一方中央アジアのトルクメニスタン等周辺の産ガス国からも中国に対するガスの売り込みの動きが始まっていた。

二〇〇六年の一月、トルクメニスタンのニヤゾフ大統領（当時）がその年の四月に北京を訪問するとの外交日程を発表した。トルクメニスタンは産ガス国であり、この訪問はガスの対中輸出交渉がいよいよ本格化してきた証しと受け止められた。一方で、ロシアも大産ガス国であり、前述の通り中国へは既に石油輸出パイプラインも建設されており、いずれはロシアからのガスパイプラインの建設も検討対象になるものと見られていた。

しばらくして、プーチン大統領が、トルクメニスタンに先んじて三月二一日に北京を訪問するとの外交日程を発表した。三月に開催された北京での会談で、ロシアの東シベリア

郵便はがき

郵送の場合は切手を貼って下さい。

232-0063

横浜市南区中里1—9—31—3B

群像社

読者係　行

＊お買い上げいただき誠にありがとうございます。今後の出版の参考にさせていただきますので、裏面の読者カードにご記入のうえ小社宛お送り下さい。同じ内容をメールで送っていただいてもかまいません（info@gunzosha.com）。お送りいただいた方にはロシア文化通信「群」の見本紙をお送りします。またご希望の本を購入申込書にご記入していただければ小社より直接お送りいたします。代金と送料（一冊240円から最大660円）は商品到着後に同封の振替用紙で郵便局からお振り込み下さい。
ホームページでも刊行案内を掲載しています。
http://gunzosha.com
購入の申込みも簡単にできますのでご利用ください。

群像社　読者カード

●本書の書名（ロシア文化通信「群」の場合は号数）

●本書を何で（どこで）お知りになりましたか。
1 書店　2 新聞の読書欄　3 雑誌の読書欄　4 インターネット
5 人にすすめられて　6 小社の広告・ホームページ　7 その他
●この本（号）についてのご感想、今後のご希望（小社への連絡事項）

小社の通信、ホームページ等でご紹介させていただく場合がありますのでいずれかに◯をつけてください。（掲載時には匿名に する・しない）

お名前《ふりがな》

ご住所
（郵便番号）

電話番号
（Eメール）

購入申込書

書　　名	部数

のチャヤンダ・ガス田から黒竜江省に入る「東ルート」（後に「シベリアの力」と改称）で年間三八〇億立方メートル、更に西シベリアからアルタイ地方経由で新疆ウイグル自治区に入る「西ルート」（後に「シベリアの力２」と改称）で年間三〇〇億立方メートルのガス供給契約が合意され、大きなニュースとなった。ロシアはトルクメニスタンを中国市場における競争者と明確に認識し、その動きに対して機先を制したのである。

四月五日、予告通りニヤゾフ大統領が北京入りし、年間三〇〇億立方メートルのガス供給と中国までのパイプライン建設で合意し、二〇〇九年供給開始と発表したが、ロシア側の劇的な合意の後で、報道もベタ記事扱いであった。しかも三年後の稼働開始はあまりに早く、疑問視する声が一般的であった。ロシアと中国は国境を接しているが、トルクメニスタンから中国までパイプラインを通すには、途中、ウズベキスタンとカザフスタンを経由しなくてはならず、両国からの同意が必要となる。ニヤゾフ大統領はこの年の十二月に六十六歳で死去し、動きも止まったかに見えた。

ところが中国側の主導で途中の通過国との協議が着々と進められ、翌年の四月にはウズベキスタンと、七月にはカザフスタンと合意し、二〇〇八年七月にはパイプライン建設工

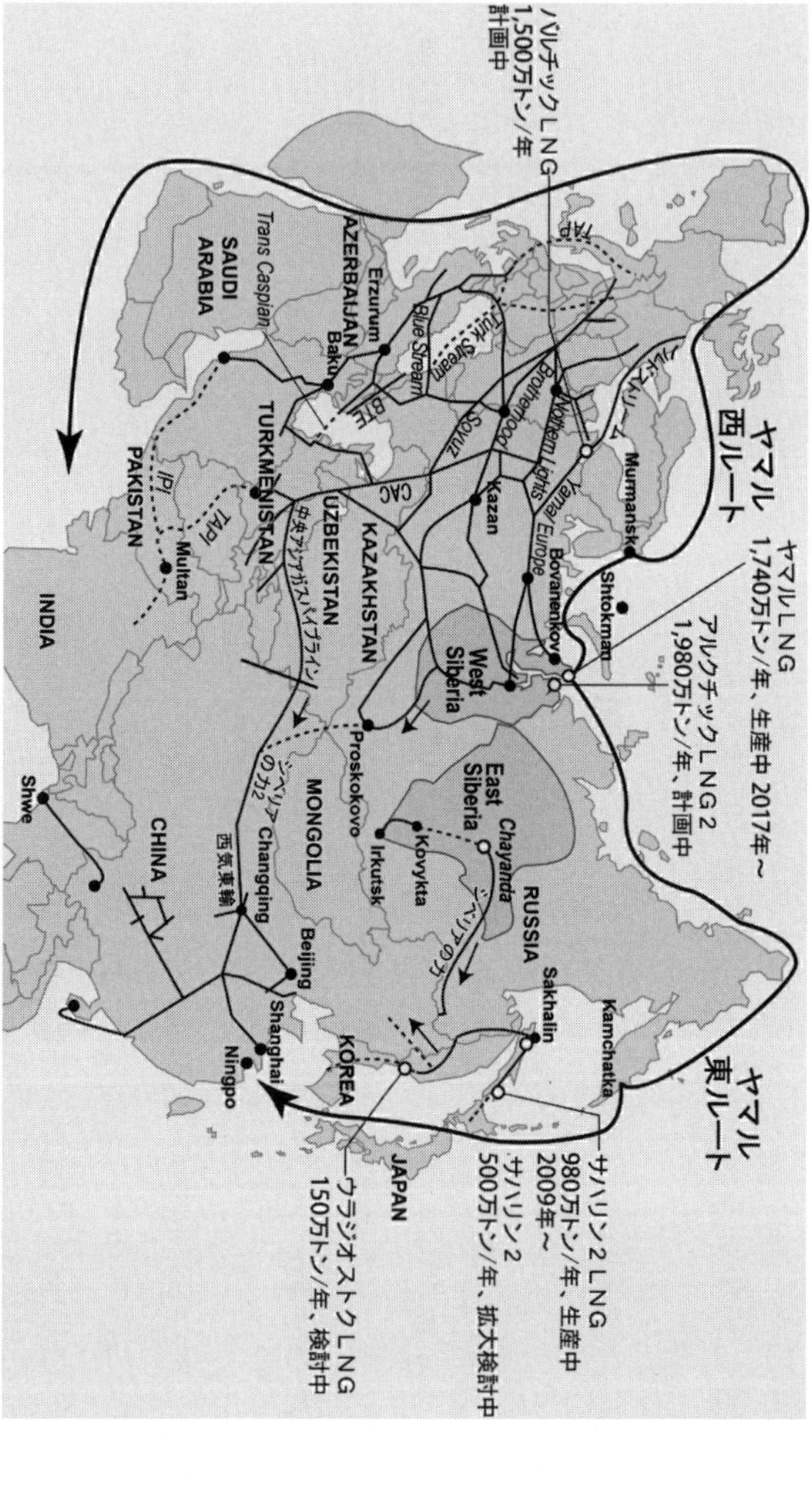

図3-4 ユーラシア大陸における天然ガスパイプラインとロシアのLNG基地（計画中も含む）及びヤマルLNGのルート
（諸情報からJOGMEC作成）

事が開始された。こうして、二〇〇九年十二月十三日には胡錦涛主席（当時）がトルクメニスタンを訪問し、「中央アジア・ガスパイプライン」の稼働開始式典が挙行された。当初の合意通りにプロジェクトが推進されたのである（図3-4）。

一方、ロシアとは供給する天然ガス価格を巡って交渉が難航し、最終的に合意したのは、二〇一四年五月、実に基本合意から八年も経ってからであった（4節参照）。

この差は何だろうか？　中国にとってもロシアにとってもガス価格は簡単には譲れない問題である。一方で、当時のトルクメニスタンにとってガスの輸出先はロシアのみであり、それ以外の輸出先を切望していた。ガス価格を含めガス契約の内容は一切公表されていないが、交渉がこのようにとんとん拍子で進んだということは、かなり中国側の主導力が発揮されたものと思われる。

このパイプラインによる中央アジアと中国の結びつきは、前漢時代の張騫《ちょうけん》の大月氏国訪問以来の出来事と当時は報道された。この「中央アジア・ガスパイプライン」の成功を受けて、二〇一二年からは通過国であるウズベキスタンから、二〇一七年からはカザフスタンからも天然ガスの中国向け輸出が開始された。中国は、既にカザフスタンで積極的に油田開発の投資も行っており、このように中央アジア諸国との「エネルギー紐帯」は大変に強固なものに育って行った。

二〇一三年九月七日、習近平主席はカザフスタンを訪問し、「シルクロード経済ベルト」を提唱した。次いで十月三日、ASEAN歴訪時に「二十一世紀海上シルクロード」を発表し、以後両者を併せて「一帯一路」と名付け、中国の重要な国家戦略に位置付けられた。こうして見ると「一帯一路」のプロトタイプは、この「中央アジア・ガスパイプライン」と言えるだろう。「一帯一路」には既往のパイプラインも含むと中国政府からは説明されている。

4　中国へのガスパイプライン「シベリアの力」

一方、ロシアからのパイプライン計画は長い間、ガス価格に開きがあり、交渉は進展しなかった。ロシアの国営ガス会社ガスプロムと中国のＣＮＰＣが合意したのは二〇一四年五月二一日で、早朝四時までかけて調印というマラソン協議となった。両首脳から厳しく合意を促されたためと言われている。

中国側にも事情があった。この前年に国務院が「大気汚染に関する十条の措置」を策定し、ガスシフトという政策が打ち出された。ガスを長期的に手当てする必要が出てきたのである。もう一つの理由として、四川盆地のシェールガスが期待されていた程の成果を挙げられず、ガスの国内増産計画を下方修正せざるを得なくなったことが挙げられる。

一方でこの前年、6節に記した通りCNPCはヤマルLNGに二〇パーセント出資することでノバテック社と合意した。ガス供給で、ロシア国営のガスプロムは同じロシアの独立系ノバテックに、中国市場で先を越された形となった。CNPCはロシアの二つのガス会社を、ガス価格や供給量において競わせることのできる、より強い立場を確保した訳である。これが、パイプラインでの契約を急がせる契機になったものと思われる。

しかし、二〇一四年三月のクリミヤ問題で、米国とEUは対ロ経済制裁を発動した（第4章参照）。ロシアはこの事態を受け、対中交渉において譲歩したのだろうか？　ひとたび譲歩すれば、世界は対ロ制裁が「効いている」と受け止め、更なる制裁へと勢いづくであろう。中ロのパイプラインを巡るマラソン交渉は、ロシアが絶対に譲歩を見せないための舞台でもあったと思われる。パイプラインの敷設工事は完了しており、ガスは二〇一九年十二月一日供給開始の予定である。

5　欧州向けガスパイプライン「ノルドストリーム」

二〇〇四年のウクライナでのオレンジ革命の後、ウクライナを迂回しバルト海を経由して直接ドイツに供給する新たなガスパイプライン計画が、二〇〇五年にプーチン大統領とシュレーダー首相（当時）の間で合意された。欧州内部でのガス生産は減退傾向にあり、環境問題から石炭火力発電を廃止してゆくとなれば、その代替は再生可能エネルギーか天然ガスとなる。欧州はガス輸入を増やさざるを得ない状況にあった。

ロシア・バルト海のブイボルグからドイツのグライフスバルトへ、東欧を経由せず直接ガスを供給するパイプラインは「ノルドストリーム」と名付けられた。総延長は一二二四キロメートルである。通ガス能力年間二七五億立方メートルの第一ラインが、二〇一一年九月六日に稼働を開始した。翌二〇一二年十月には二本目のラインが開通し、通ガス能力

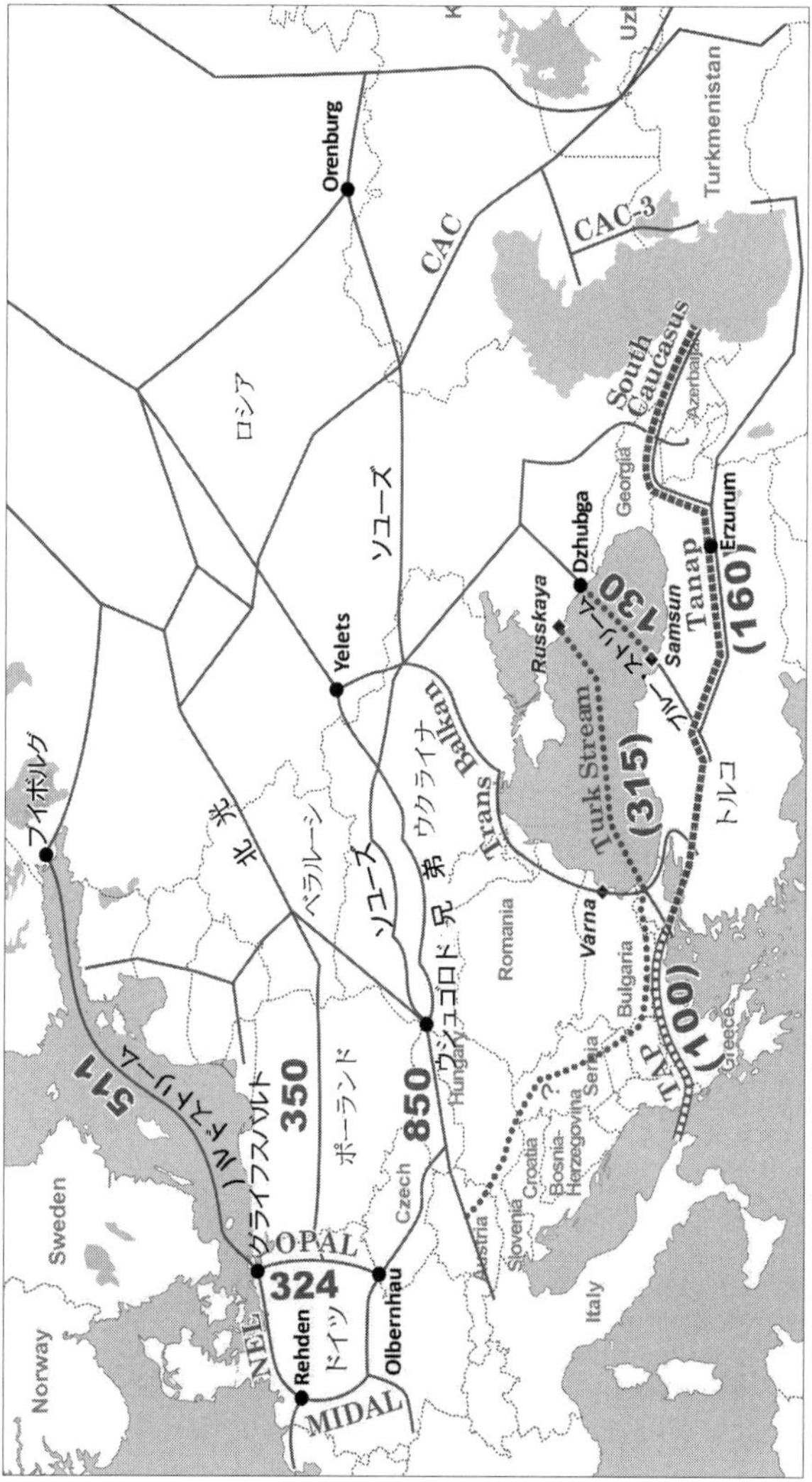

図3-5　ロシアから欧州へのガスパイプラインと輸出量（2017年、単位：億m³/年：諸情報からJOGMEC作成）

は年間五五〇億立方メートルとなった（図3-5）。

このパイプラインは、計画段階で欧州のエネルギーにおける対ロ依存が高まるとしてポーランドの強硬な反対にあい、ルートに当るバルト海に面した北欧諸国の対応が注目された。一部の論評では、民主主義の発達した北欧諸国がロシアのパイプラインの敷設を認可する筈がない、といったものまで出て、議論が欧州のエネルギー安全保障への影響に集中した。しかし二〇〇九年の秋、デンマーク、フィンランド、スウェーデンの政府は相次いで、このパイプライン計画を認可した。

スウェーデン政府の公表した認可理由は「全ての国は国際水域にパイプラインを敷設する権利を有する」というもので、これは、「国連海洋法」の第七九条「大陸棚における海底電線及び海底パイプライン」の第一項、「すべての国は、大陸棚に海底電線及び海底パイプラインを敷設する権利を有する」をそのまま引用したものである。即ち、パイプラインの敷設は国際法上の庇護をうけるべきもので、ポーランドの反対論は法的に退けられたことになる。同条第二項に「沿岸国は、海底電線及びパイプラインの敷設または維持を妨げることができない」とあるようにパイプラインの敷設は「原則自由」となっている。そして第三項において「海底パイプラインを大陸棚に敷設するための経路の設定については、沿岸国の同意を得る」と定められているように、ルートの設定については、沿岸国の同意が必要であるとしている。なお、第四項では領海内では沿岸国に優先的な権利を認めている。

ロシアからドイツ等欧州の中心部に直接ガスを供給するこのパイプラインは、欧州のエネルギー安全保障に寄与したと評価されている。一方、現在この継続プロジェクトである「ノルドストリーム2」を巡っては、米欧で盛んな反対論が展開されている。これについては、第4章3節に記す。

6　ノバテック社の北極LNG事業

(1)　パイプラインとLNGの違い

北極圏で展開されるヤマルLNGの計画への参加要請が、ロシア政府から各国のエネルギー企業にアナウンスされたのは、二〇〇九年の九月のことであった。

二〇〇九年は、ウクライナとのガス紛争が起り、ロシアが欧州側から非難にさらされた手痛い一年でもあった。何よりも、自国のガスを送るパイプラインが主要な市場に到達するためには他国を通過せざるを得ない、という冷厳な事実の前に、産ガス国としての弱みと、ウクライナというパイプライン通過国の強みを痛感させられた（第4章1節参照）。

同じ年の三月、サハリン2のＬＮＧが稼働を開始し、ロシアは漸くＬＮＧ輸出国の仲間入りをした。ＬＮＧであればタンカー輸送ができるので空間的な制約は殆どなく、自由に市場を選択でき、通過国の問題もない。パイプラインによるガス輸送とは対照的なビジネスモデルである。ロシアは政策として自国企業もＬＮＧ事業に積極的に参加させることとし、ノバテック社に北極圏のＬＮＧ事業を託した。

（2）ヤマルＬＮＧ事業

ロシア第二位の独立系ガス会社ノバテックは、主に西シベリアで活動してきたが、近年急速に業績を伸ばしている。主要株主はＣＥＯのレオニード・ミヘルソン（二四・七六パーセント）、ゲンナジ・チムチェンコ（二三パーセント）、他にフランスの石油会社トタルが一九・四パーセントを保有し、役員を二名送り込んでいる。チムチェンコはプーチン大統領の盟友として知られる。

ノバテックが展開している「ヤマルＬＮＧ」事業は、図2-4（47ページ）に見る通り、北極圏のカラ海に突き出たヤマル半島北東部のユジノタンベイ・ガス田のガスを原材料に、サベッタ港近くのＬＮＧ基地でガスを液化して出荷するものである。これは、サハリン2に次ぐ、ロシアで二番目のＬＮＧ事業となる。この事業には、フランスのトタルが二〇パーセント、中国のＣＮＰＣが二〇パーセント、中国のシルクロード基金が九・九パーセント資本参加しており、国際コンソーシアムが形成されている。また、建設工事には日本から日揮、千代田化工建設が参加している。

冬季は、流氷を避けて欧州方面へ西ルートで出荷され、夏季には北極海航路を通りベーリング海峡を経てアジア市場に出荷する東ルートを使う（図3-4）。二〇一七年十二月に生産開始となり第一船が欧州向けに出たが、二〇一八年七月には流氷の殆どなくなった北極海航路を通過して、中国江蘇省如東に初めて東ルートでＬＮＧが出荷された。

液化の工程ではメタンガスをマイナス一六二度まで冷却するので、北極圏の寒冷な気候の地では冷却装置等の施設類のスペックを軽減できる。更に、夏季に冷房用の電力需要の旺盛なアジアに輸出することにより、ＬＮＧの通年フル生産が可能となるなど、いずれも経済性の嵩上げに貢献する条件が備わっている。

二〇一八年の夏にはＬＮＧの第二トレーン（天然ガスの搬入からＬＮＧの冷却・出荷に至る設備をユニットとして建設したもの）が、十一月には第三トレーンが計画を前倒しにして竣工し、当初の生産能力である年間一六五〇万トンを達成した。冷却装置は、米国のＡＰＣＩ社のＣ３ＭＲという方式を採用している。これに加えて、ロシアの独自技術である「北極の滝」

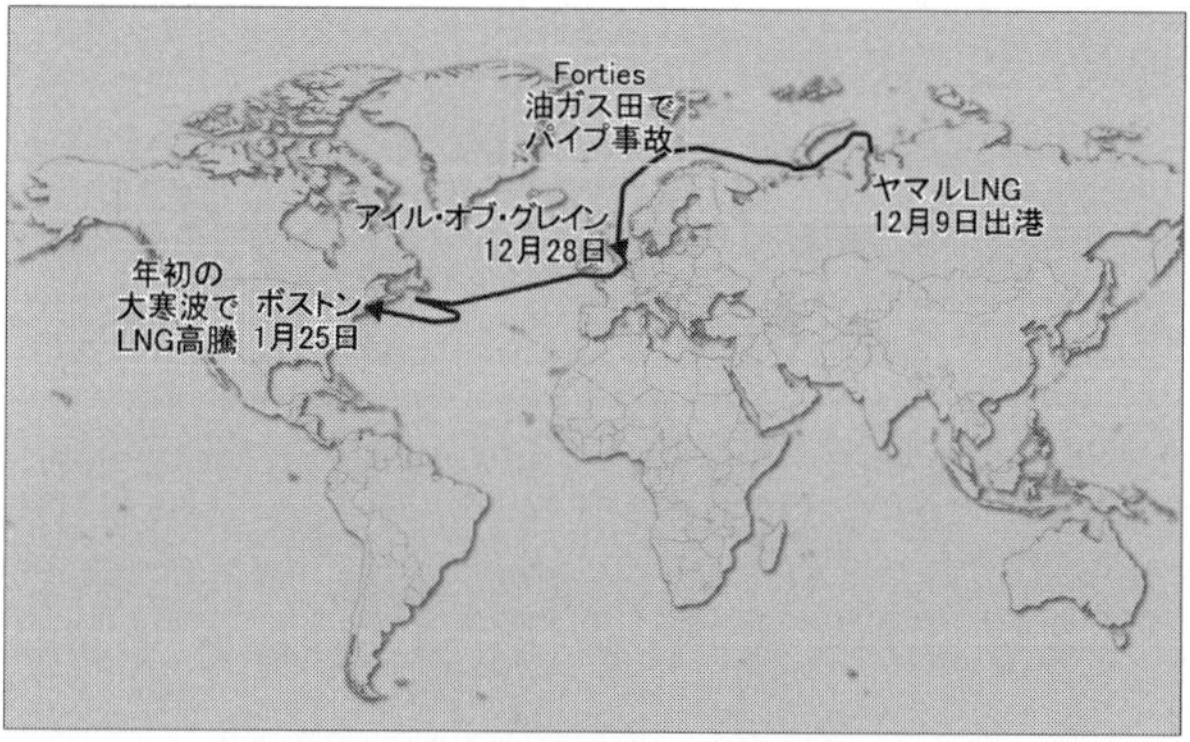

図3-6　ヤマルLNG第１船の航跡（報道から筆者作成）

という方式の冷却装置による年産九〇万トンのＬＮＧが第四トレーンとして既に着工され、二〇二〇年には年間一七四〇万トンのＬＮＧ生産がなされる見込みである。

中国は、二〇一八年一月に「北極政策白書」を発表し、北極圏への積極的な関与を表明したが、中国企業のヤマルＬＮＧ事業への参加が成功したことがこの背景にある。

(3) 転売が繰り返された第一船のＬＮＧ

二〇一七年十二月九日出荷の第一船の航跡を図3-6に示す。取引量や転売制限などの条件がついた長期契約が機能するのは翌年の四月からとなっており、当面はスポットで売られたため、当初はベルギーを目指していた第一船は、途中で積荷のＬＮＧがマレーシアのペトロナスに転売され、たまたま北海のフォーティーズ油ガス田のパイプ事故で英国がガス不足となったために、目的地が英国のアイル・オブ・グレイン・ターミナルに切り替わった。英国は対ロ制裁を主導した国であり、ノバテックも制裁対象となっている。このため、これを「皮肉のカーゴ」と揶揄する記事が多く出た。第一船は十二月二八日に英国に到着した。

しかし、タンカーの航跡はこれで終わらなかった。LNGは英国に荷下ろしされて間もなく、フランスのエンジーに転売されて船積みされ、折しも大寒波の襲来でガス価格の高騰した米国東海岸のボストンのターミナルに向った。途中、いったんガス価格が落ち着くと、Uターンしてスペインのジブラルタルに近いアルヘシラスへ向かう場面もあったが、東海岸で再びガス価格が高騰したため再度Uターンして一月二五日にボストンに入港した。冬季は契約されていないLNGを見つけることは難しいため、地理的に奇妙な取引が頻繁に行われることがあるという。

オックスフォード・エネルギー研究所のロシア・エネルギー専門家ジェームス・ヘンダーソンは、「ロシアのガスが米国まで行ったことはアイロニーと見るべきではない。これは通常の取引であり、LNGは需要があれば、どの基地からもどこへでも運ばれるということだ。LNGの意義もそこにある」とコメントしている。一方、ロシアのノバク・エネルギー相も、「分子レベルでは、ロシアのメタンガスが米国に行ったとは言えるが、一旦売られたLNGは荷主のものである」とコメントし、アイロニー性を否定した。

そもそも、ロシアがＬＮＧ事業の拡大を志向している理由もそこにある。これまでロシアが展開して来たパイプラインによる固定的な供給体制は、ウクライナ問題に見るように通過国の意向にさらされやすいものであった。自由なガス供給体制を何よりも求めたのがロシアであり、第一船でくり返された転売は、新規の発展事業としてのＬＮＧならではの事例と言える。ＬＮＧというものが政治的な要素を超えて輸出されることをよく示している。

（４）アルクチックＬＮＧ２事業でＬＮＧ大国を目指すロシア

北極圏では、ヤマルに続く第二弾のＬＮＧプロジェクト、アルクチックＬＮＧ２が検討されている。ヤマル半島からオビ湾を隔てて東側のギダン半島にあるサルマノフ（ウートレンニエ）ガス田を供給源とするＬＮＧ計画で、二〇二二～二〇二三年の稼働開始を目指している（図２-４）。既にフランスのトタル、中国のＣＮＰＣ、中国海洋石油総公司（ＣＮＯＯＣ）、日本のJapan Arctic LNG（三井物産とＪＯＧＭＥＣが出資）が各一〇パーセントの権益で参加を決めた。アルクチックＬＮＧ２の生産量は年間一九八〇万トンで、十年後にはロシアの中心的なLNG事業になっているものと思われる。

また、カムチャッカ半島とコラ半島に砕氷LNGタンカーから通常LNGタンカーへと積み替える施設を建設する予定で、北極圏内を航行する砕氷LNGタンカーの数を増やして、今後の輸送量増大に備えることになっている。カムチャッカの基地に関しては、二〇一八年九月、日本の国際協力銀行（JBIC）、三井物産、丸紅がノバテックと協力協定を結んだ。

北極圏LNGプロジェクト、サハリン2及び追加事業、バルト海のLNG等を実現させることにより、ロシアのLNG生産量は二〇三五年には年間八三〇〇万トンとなる見込みで、世界のLNGの一五パーセントのシェアを獲得する目標を立てている（64ページ、図3-4）。これにより、オーストラリア、カタール、米国に続く世界の「LNGのビッグ4」の一角を占めることを目指す。パイプラインガス大国であったロシアは、LNG輸出を拡大し、LNG大国への道を歩もうとしている。

第4章　ロシアのエネルギーに関する論争

1　ウクライナ問題

(1) 二〇〇六年のガス紛争

ロシアがウクライナへの天然ガスを止めたといわれている紛争は、二〇〇六年と二〇〇九年の年初の件が大きく報道されているが、実はそれだけではない。その前のクラフチュク政権、クチマ政権時代にも、ウクライナによるパイプラインからのガスの抜き取りが頻発し、ロシア側は四回もガスの供給を停止している。ただし、この頃は西側の報道機関も旧ソ連内での単なる内輪もめ程度の認識で、一部の専門紙が簡単に報道する程度であった。しかし、二〇〇四年末の「オレンジ革命」を経て、EUとNATOへの加盟を目指す親西側のユシチェンコ政権が成立して以降、このガス供給の停止がロシアによるエネルギーの政治利用だとして、西側の政治家と報道機関から非難を浴びるようになった。

ロシアからウクライナへのガス供給は、当時は毎年暮れに翌年一年間の契約を結んでいた。二〇〇六年と二〇〇九年の紛争の時は、ガス価格交渉で合意に至らず、無契約状態になったため、ガス供給が停止された。ロシア側が契約に違反してガスを止めたのではない。

それまでロシアがウクライナに対して設定したガス価格は欧州市場における国際価格の約五分の一の千立方メートル当たり五〇ドルとされており、これは実質的な「補助金供与」と言えるものであった。しかし、二〇〇〇年代は油価が急速に上昇して資機材も高騰しており、市場でのガス価格も高値に移りつつあった。更にウクライナは二〇〇五年にはEUから「市場経済国家」の認定を受けた。ロシアから見れば、補助金供与の意義がなくなったとの判断で、二〇〇六年価格については欧州並み、即ち市場価格である千立方メートル当たり二五〇ドルへの引き上げを主張し、ウクライナ側がこれを拒否して、二〇〇六年の一月一日から契約不成立・供給停止という事態となった。なお、この年、旧ソ連（CIS）諸国へのガス価格はいずれも二倍程度に引き上げられている。ウクライナのみを対象にした訳ではない（表4-1）。

この時、ロシアのガス供給は、ウクライナ向けに相当する全輸出量の三〇パーセントを削減しただけで、欧州向けに関しては全く減らしていない。しかし、ウクライナを通過して欧州に送られる幹線パイプラインのガスをウクライナ側が抜き取って国内用に使用したため、下流にあたる欧州で天然ガスの圧力低下が起り、大問題となった。欧米のジャーナリズムは、これをロシアによるウクライナに対する圧力と受け止め、ロシアが「エネルギーを政治利用」しているとして一斉に非難した。ロシアとウクライナは再び協議して、ロシア側は価格の低いトルクメニスタン産のガスと組み合わせることで、九五ドルという価格で合意し、一月四日、供給は再開された。

この年の五月四日には、チェイニー米副大統領（当時）も、「供給を操作したり輸送手段を独占して石油とガスを

年	2005	2006	2007	2008	2009	備考
EU	250	245-285	293	369	308	
エストニア	90	190	260	340	267	
ラトビア	92-94	130-145	217	340	311	
リトアニア	85	115-155	210	353	296	
ベラルーシ	46.68	46.68	100	127.9	151	親ロ政権、PL売却
ウクライナ	50	95	130	179.5	259	2010年$230
モルドバ	80	110-160	170	250	237	
ジョージア	63	110	230	235		アゼル産ガスへ転換
アゼルバイジャン	60	110	-	-	-	ガス2007年輸出停止
アルメニア	54	110	110	110	154*	親ロ政権、PL売却

表4-1　ロシア産天然ガス輸出価格の推移
（1000立法メートル当り、単位ドル／諸情報から筆者まとめ）

恫喝やゆすりの道具に使うことは正当化され得ない」と強い調子でロシアを非難している。

この演説に対しては、フリスチェンコ産業エネルギー相（当時）が直ちに反論を五月六日のフィナンシャル・タイムスに寄稿した。その内容は、「ウクライナにおけるガス価格問題に関しては、ロシアがソ連時代の『補助金的政策』に決別して、市場に基づく価格メカニズムを志向した結果であり、バランスの取れた公平なエネルギー安全保障システムを築くものである」主張している。更に「なお、価格の自由化と補助金の廃止はWTO加盟の主たる条件とされている」とWTOの政策に沿ったものである点を念押ししている。

欧米や日本の一般紙の報道姿勢は、米国の主張する「ロシアによるエネルギーの政治利用」に即したものが殆どであったが、エネルギー専門家の見解は大いに異なる。

欧州ガス問題の権威であるオックスフォード・エネルギー研究所のジョナサン・スターン教授は、ロシアがウクライナに対して、今回、西欧並みのガス価格へ移行しようとしたことについては、補助金交付を止めるという全く経済的な理由からであると、フリスチェンコ産業エネルギー相と全く同様の議論を展開し、ガスという政治的な「武器」の発動といった見方を排している。そして、「市場価格化を原則に掲げるWTOが、ロシアに対してはエネルギー価格の市場化を要求しておきながら、今回の件がロシアがウクライナに対してガスの市場価格並みの改定を要求して始まったことについては沈黙している」とWTOに対して痛烈な皮肉を投げ掛けている。

『石油の世紀』（NHK出版、一九九一年）の著者ダニエル・ヤーギンの主宰するボストンのケンブリッジ・エネルギー研究所の見解は更に徹底しており、むしろこれこそが、ロシアが旧ソ連諸国に対する補助金供与という「政治」を棄てて、市場志向という「経済」を選択した結果であると分析している。ソビエト連邦の崩壊の後も、ロシアは、これら連邦を構成してきた国々に対して、自国の経済的な混乱や、支払い遅滞問題があるにもかかわらず、CISの結束のために割安な天然ガスを供給してきた。しかし、このような補助金政策はCISの瓦解を阻止する手立てとはならなかった。九〇年代、ロシアは安価なガスを供給して来たにも拘わらず、CIS内で「民主化ドミノ」が進行した。安価なエネルギー供給は、これらの国の政治選択に影響力を持たなかった。エネルギーはとうに政治の道具ではないことが証明されていたと言える。

(2) 二〇〇九年のガス紛争

二〇〇九年の紛争は、ロシア側がガス価格として千立方メートル当たり二五〇ドルを主張し、ウクライナ側が二三五ドルを主張して二〇〇八年十二月三一日に決裂したことに端を発する。これほど価格が近接しておりながら三週間も紛争が継続したというのは、ビジネスの常識ではありえない。

モスクワ・カーネギーセンターのドミートリー・トレーニンの『ロシア新戦略』(作品社、二〇一二年)によれば、二〇〇八年十二月三一日の夕刻、両者の主張する価格が近くなったのを確認したティモシェンコ首相(当時)は、自分が調印すべくモスクワに向かおうとした。これを聞いたユシチェンコ大統領(当時)は直ちにモスクワのウクライナ側交渉団に電話し、交渉の打ち切りと即座の帰国を指示したという。トレーニンは両者の確執に注目しているが、ティモシェンコが知らされていない、より重要な政治的な背景があったと想像される。

翌二〇〇九年一月五日から、欧州へのガス量が低下し、ロシア側はウクライナがガスを抜き取っているとして、両国は非難合戦となり、七日にはロシア側が欧州向けのガス輸出を停止した。一九七三年十月から始まったロシアから欧州へのガス輸出は、三六年目にして初めて停止した。

結局一月十九日に改めて、プーチン、ティモシェンコ両首相立ち合いのもと、両国営ガスのガスプロムとユークレイニ・ナフトハスは、欧州と同様に石油価格連動の計算式（フォーミュラ）価格とすること、二〇〇九年は欧州価格の約二割引きの二五九ドルとすることで合意した。この契約は二〇一九年末まで有効とされた。なおこの合意をしたティモシェンコは二〇一一年に国に不利益を与えたとして起訴され、有罪判決を受けている。

その後欧州で起こった議論は、ロシアがガス供給者として信頼できないとするもので、当時米国とEUで盛んに推奨されていたロシア以外（即ちカスピ海・中央アジア）から陸路を通り欧州に直接ガスを供給する「ナブッコ」パイプライン計画への期待が一気に高まった。それまでナブッコ計画に関する議論は遅々として進まず、米政権のいら立ちも報じられ始めていた。それがこのガス紛争で一気に議論が進み、七月十三日にはEU内のナブッコ・パイプライン通過国の政府間合意にまで辿り着いた。あたかも、ウクライナ問題が大きく後押ししたかのようである。

一方、三月二三日にブリュッセルで開催された「国際ガス供与者会議」において、EUがナブッコ支援とともにウクライナに対してパイプライン改修費として二六億ドルの融資を決め、ロシア側が激怒して退席するという一幕があった。これを理解するには欧州におけるパイプライン政策の背景を知っておく必要がある。

この改修により、ウクライナは年間五〇〇億立方メートルの輸送能力アップが可能になるといわれた。ナブッコ・パイプラインはウクライナを迂回するルートで計画されており、ウクライナの通過量が減ることが予想される状況で能力アップのための改修を行うのは矛盾した政策である。プーチン首相（当時）も、「不適切で素人考え」と、これを酷評した。

欧州のエネルギーの対ロ依存を減らすべきという議論は以前からあり、それを遂行するに当たっては、ロシアのエネルギー供給者としての信頼感が高いのは障害になる。実は、欧州のエネルギー企業であるロイヤルダッチシェルは、二〇〇六年の紛争の時も、ロシアは最も信頼のできるエネルギー供給者であったと発言している。ナブッコ計画を推進した い側にとっては、ロシアとウクライナがガスを巡って紛争を繰り広げることは、むしろ好都合である。この融資については、ウクライナがガス紛争を起こしたことへのEUからの「褒美」ではないかと筆者は推測している。

前述したように二〇〇九年のガス紛争は、ビジネスの常識ではあり得ない不可解なもので、EUとしてエネルギーのロシア依存からの転換という政策をトリッキーな手段を使ってでも進めたかったものと思われる。しかし、二〇一三年六月、カスピ海シャーデニス・ガス田のガスを欧州に運ぶパイプライン計画において、オペレーターであるBPとアゼルバイジャン国営石油は、EUの推奨したナブッコ計画を退け、アドリア海ルートのTAP（Trans Adriatic Pipeline）を採用した（図3-5）。理由は単に経済性である。EU政治家の政治観に基づくナブッコ支持キャンペーンは、英国企業によっていとも簡単に袖にされた。所詮、政治家の「素人考え」は冷徹なビジネスの前には通用しないということであろう。

2　クリミア問題と対ロ制裁

二〇一四年三月のロシアによるクリミア編入は、本書のテーマを遥かに超えた政治問題であるが、米・EUによる対ロ制裁には、エネルギー関連も多く含まれていることから、その部分に関して記しておきたい。

対ロ制裁は、二〇一四年三月に第一次が発動されたが、エネルギー分野で最も影響の大きかったのは、マレーシア航空機撃墜事件を踏まえた七月～八月の第三次制裁である（表4-2）。この制裁はロシア企業による資金調達を禁止するとともに、五〇〇フィート（一五二メートル）以上の大水深、北極、シェール開発に関わる機材の輸出制限を主な内容とするが、EUによる制裁の場合にはガスは非対象と明記されている。更に、九月に入り、第四次制裁としてウクライナ東部の不安定化を理由に、上記三分野を支援する機器、サービス、技術の提供禁止が盛り込まれた。

大水深、北極、シェールという三分野は、奇しくもこの直前の六月にモスクワで開催された世界石油会議で、エクソンモービルのティラーソンCEO（当時）が、ロシアにおける同社の主要な活動分野として列挙したもので、制裁は対ロシアというよりも、欧米石油メジャーズのロシアにおける投資戦略を標的にしたものと思われる。

米国の第三次対ロ制裁が発効して僅か三日後の八月九日、北極圏のカラ海でロスネフチ

制　裁	EU	米国
第1次（2014年クリミア併合への対応）	3月6日：3段階の対露制裁。まずは露とのビザ交渉凍結 3月17日：露、クリミア当局者ら21名の資産凍結・渡航禁止 3月21日：12名の資産凍結・渡航禁止	3月6日：露政府高官・軍関係者等の資産凍結・渡航禁止 3月17日：7名の資産凍結・渡航禁止追加、Yanukovich前ウクライナ大統領など 3月20日：20名の資産凍結・渡航禁止追加、NovatekのTymchenko他
第2次	5月12日：13名、2社の資産凍結・渡航禁止	4月28日：RosneftのSechin社長を含む7名17社の資産凍結・渡航禁止
第3次（2014年マレーシア航空機撃墜で強化）	7月12日：追加資産凍結渡航禁止 7月16日：EIB, EBRDの融資禁止 7月31日：大水深・北極・シェールオイル用機材の輸出は事前認可。ガスは非対象、8月1日前の契約は不問。90日超の調達禁止（Sberbank, VTB）	7月16日：経済制裁。90日超の資金調達禁止（Gazprombank, VEB, Rosneft, Novatek） 8月6日：大水深・北極海・シェール用機材の米国から輸出禁止。3銀行と統一造船の米市場調達禁止
第4次（2014年ウクライナ東部の不安定化）	9月12日：大水深・北極・シェールオイル事業への掘削・テスト・検層等のサービスの禁止。Rosneft, Transnft, Gazpromneftに対する30日超の資金調達の禁止。24名の資産凍結・渡航禁止。	9月12日：5社（Gazprom, Lukoil, GazpromNeft, Surgutneftegaz, Rosneft）に対する大水深・北極海・シェール事業を支援する機器,サービス,技術の提供禁止。5銀行の30日超の調達禁止。Transneft,GazpromNeftの90日超の社債禁止。

表4-2　ウクライナ問題で発生したEU及び米国による対ロ制裁（諸報道から筆者まとめ）

とエクソンモービルによって試掘が敢行された。米政府からは特段の意思表明はなく、作業はそのまま継続された。しかし、九月十二日の第四次制裁で、「サービス」の項目が付け加えられると、エクソンモービルは「法律には従う」として、掘削を停止した。三十日になってパートナーであるロスネフチがこの掘削により石油を発見したことを公表した。

位置はカラ海の東プリノボゼメルスク（EPNZ）1鉱区のノバヤゼムリヤ側で、緯度は石油狙いの坑井としては世界最北の北緯七四度、水深は八一メートル、離岸距離二五〇キロメートルの場所に掘られた（図4-1）。一ヵ月半の掘削で到達深度は二一一三メートト

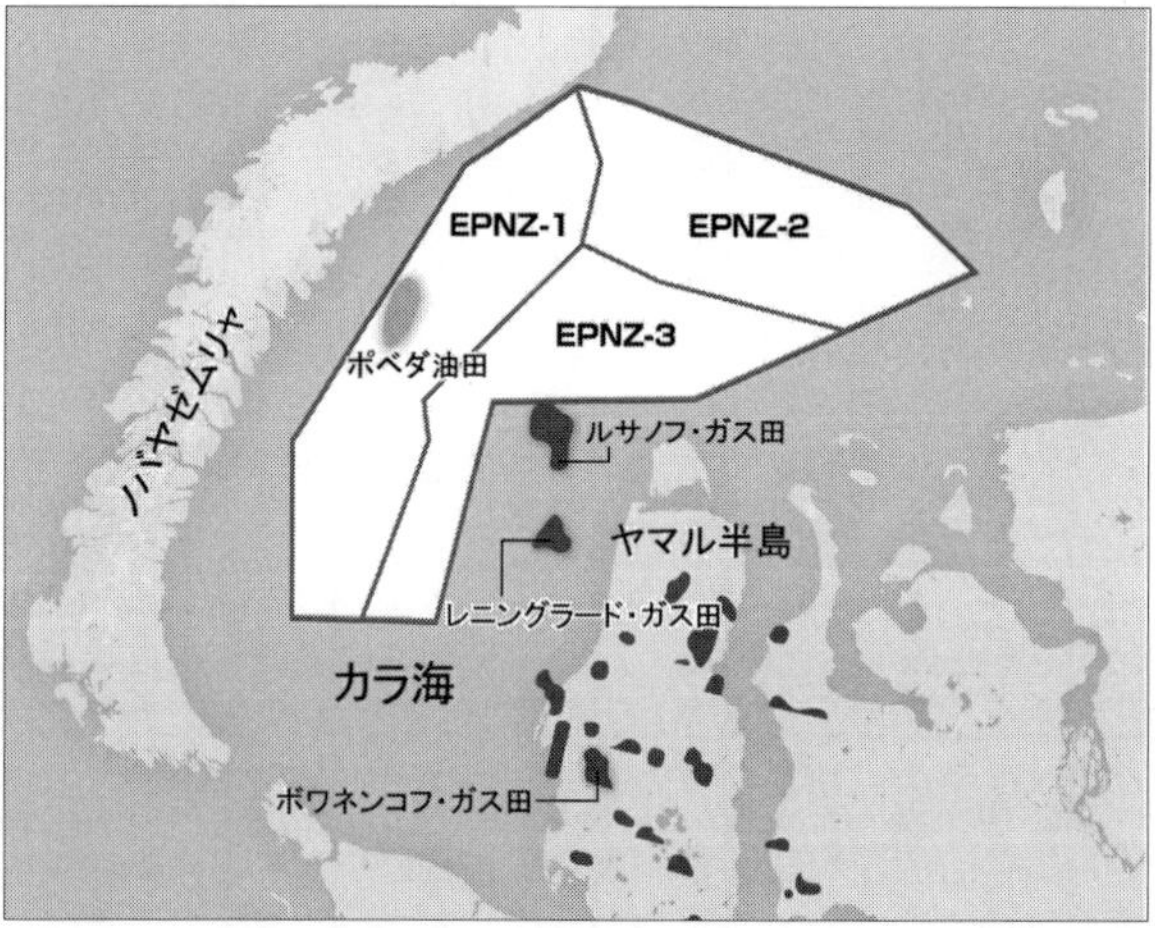

図4-1　ロスネフチとエクソンモービルが発見したポベダ油田（JOGMEC作成）

ルであった。ロシア側の発表によると、原油は軽質・低硫黄、石油埋蔵量約一〇億バレルである。これは、坑井一本による発見埋蔵量としては、非常に大きな規模である。発見鉱床は「ポベダ（勝利）」油田と名付けられた。

　技術的には当初の目論見通りの成果であったが、エクソンモービルは同事業から撤退せざるを得なくなり、膨大な投資が失われた。

図4-2は、制裁前まで欧米メジャーズがロシアで展開していた地域の様子である。北極海以外では、西シベリアでの事業はジュラ系最上部のバジェノフ層を対象とするシェールオイル開発事業であり、ロシア側が長期的な探鉱対象として大きな期待を寄せていたもの

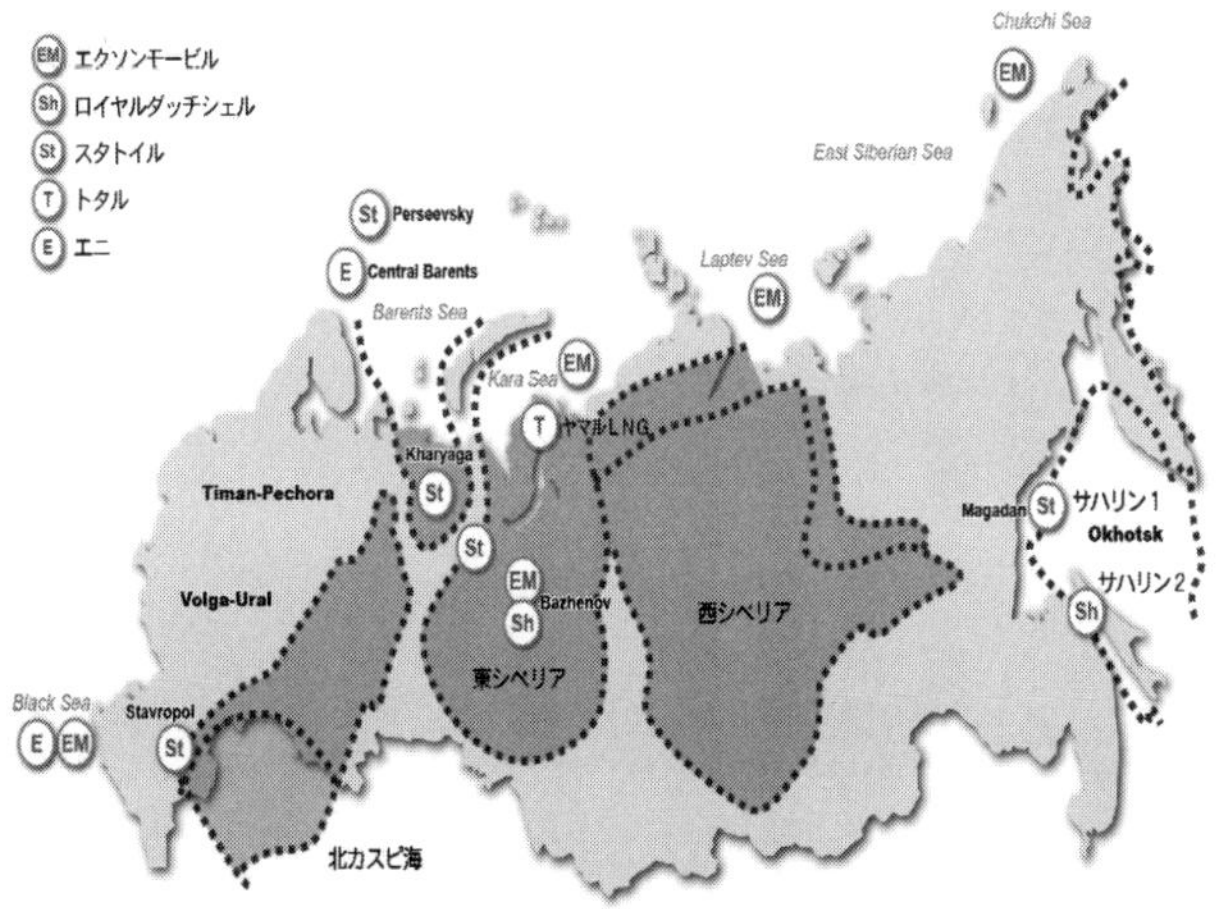

図4-2　対ロ制裁前にロシアに進出していた欧米メジャーズ（JOGMEC作成）

である。黒海での大水深探鉱も新規地域として注目されていた。メジャーズは一斉に撤退し、在来技術で対応できる幾つかの事業のみ進められている。制裁はロシア経済を圧迫していることは確かであるが、実際の損害が出ているのは欧米メジャーズの側である。

3 「ノルドストリーム2」を巡る欧州と米国の対立

(1) ドイツはロシアの奴隷か？

「ノルドストリーム2」は、二〇一一年に稼働開始した「ノルドストリーム」（第3章に既述）にほぼ並走して、ガスプロムが欧州企業の融資を受けながら建設しているプロジェクトで、その能力は、同じく年間五五〇億立方メートル、両方を合わせると年間一一〇〇億立方メートルとなり、これだけで欧州の需要の二五パーセントを賄える規模である。既存の他のパイプラインを合わせると、欧州のガスの対ロ依存は四〇パーセントを超えると見られる。最初の「ノルドストリーム」建設時には殆ど問題視されなかったこの計画が、第二弾として「ノルドストリーム２」を建設しようとすると、ロシアへの過剰なエネルギー依存を懸念する米国、ポーランド、ウクライナ等を中心に強硬な反対論が展開された。

二〇一八年六月にＮＡＴＯ首脳会議のために欧州を訪問した米国のトランプ大統領は、ドイツのメルケル首相と会談した際に、当時、建設準備が進んでいたロシアからバルト海を通りドイツに至る「ノルドストリーム２」ガスパイプラインの建設を止めるように要求した。そして、ＮＡＴＯの対ロシア軍事関連支出が数十億ドルであるのに、ドイツは年間数十億ドルものエネルギーをロシアから輸入しており「ロシアの奴隷」だと批判した。軍事費は一方的な経費であるが、ガスの支払い代金は両国の貿易の一部なので、本来比較できる性質のものではないが、背景にはロシアのエネルギーを「武器」と見る米国特有の発想がある。メルケル首相はこの時、ドイツは独立国として行動していると反論した。そして、七月には米国の抗議を無視して、ドイツ沿岸でパイプの敷設工事が開始された。

トランプが訪問した後の八月、プーチン大統領がドイツを訪問してメルケル首相と会談し、両者は「ノルドストリーム２」は商業的なインフラであり、これを政治化してはならないとの見解で一致した。これは、ロシアがクリミア半島を併合した二〇一四年以来、初めての訪問である。米独関係にひびが入りそうになった矢先、ロシアが懐柔に入ったと言える。この時、メルケル首相は「ガス通過国としてもウクライナの役割は維持されなければならない」と、ＥＵの見解を確認し、ロシアの対ウクライナ政策に対しても一方的になり過ぎないよう牽制した。

（2）ノルドストリーム2への米国の牽制

ノルドストリーム2は、二〇一一年に稼働を開始したノルドストリームと同規模の新たなパイプラインを並走させ、ウクライナ経由のガスを大きく削減しようという考えのもとで計画された。ドイツをはじめとする欧州主要国が「ノルドストリーム2」を建設して、ロシアからのガス輸入を更に増やそうとしている理由は、まず欧州域内のガス生産の減退にあると言える。主力であったオランダのフローニンゲン・ガス田も二〇三〇年に操業停止が決まり、北海もガス生産のピークを過ぎている。アルジェリアのガス田も開発余地は大きくない。さらに石炭火力発電の代替となるガス火力発電によってガスの需要増が見込まれる。資源量から見ると、最も信頼性の高い供給元はロシアであり、中長期的な展望としては、ロシアからの天然ガスフローを拡大することが恐らく唯一の選択肢と言える。

一方、米国議会は、二〇一七年八月にロシア、イラン、北朝鮮に対する「米国敵対者対抗制裁法（CAATSA）」を制定し、このノルドストリーム2の建設への役務、技術、情報を提供した外国企業にも制裁をかけることを盛り込んだ（第二三二条）。これに対して、ドイツとオーストリアは、「このパイプライン計画には、欧州の資本と雇用が掛かっている。欧州のエネルギー問題は、欧州が解決する」と反発した。これが効いてか、米国のこの法案には、下院で「米大統領は同盟国と協議してこれを決定する」との文言が同法第二三二条の冒頭に挿入される修正が施されて、米国が一方的に欧州諸国に指示できない形となり、欧州側の批判も止んだ。

同年十月に、欧州理事会の法務チームは、ノルドストリーム2に法的欠陥や争いはなく国連海洋法を含む国際法に従って処理されるべきと結論した。即ち、第3章のノルドストリームの部分で記したように、国連海洋法第七九条「海底パイプライン」の項に記されている通り、この事業が国際法の庇護のもとにあることをEUの法務部門も確認しているということである。

欧州委員会のユンケル委員長は、二〇一八年七月のトランプ大統領との会談で、米国産LNGの輸入を約束したが、この時点では欧州でのガス価格よりも高く、競争力は低かった。米国の真の狙いは、まずは欧州の対ロ依存を拡大させないこと、次いでこれまでロシアからのパイプライン通過国であったウクライナのガスの通過料収入の激減を阻止することと思われる。二〇一七年のウクライナの通ガス料収入は三〇億ドルで、同国のGDPの三パーセントにあたる。ロシアとしては、最早敵国同然となったウクライナにそのような高い料金は払う意志はなく、これまでのウクライナとのパイプライン紛争からガスの安全な通過が保証されるとは思っていない。信頼できる市場があり、金払いの心配のない上得意の消費国であるドイツに、バルト海の海底を通し直接供給したいと考えている。

米国としては、ウクライナの取り込みは「NATO、EUの東方拡大」の仕上げに当たる部分であり、二〇一四年二月に「マイダン革命」によって西側陣営に加えたものを、簡単に見捨てる訳にはいかない。さりとて、米国の税金でこの国の経済を支える訳にはいかないので、ウクライナ自身による経済的自立を進めなくてはならない。その資金の一部を従来通り、ロシアからのガス通過料収入で賄おうという目論見である。

この新しい天然ガスフローの構築を巡る争いは、米国が「地経学（ジオエコノミクス）」的なアプローチを行っているのに対して、ロシアと欧州主要国の行動は、単にエネルギー安全保障をより強化するための経済的な投資を行っていることによると言えるだろう。

近年、「地経学」的なアプローチとして、「経済的手段によって地政学的な目的を達成する」ということが言われている。ここでは、その経済的手段とは様々な経済制裁が該当すると言えるだろう。しかし、それによって達成される地政学的な目的とは、米国にとっての目的、即ちウクライナの存続だけであり、欧州全体の将来的なエネルギー安全保障は等閑視されている。米国の採用する地経学的なアプローチは、新たな状況を作り出すというよりは、それを阻止する方向に向けられがちであると言える。

4　サハリン2の環境問題とガスプロム参加問題

(1) 二〇〇六年のサハリン2問題

二〇〇六年の夏、サハリン2事業のパイプライン建設現場において地滑りが発生し、当局から工事の停止が命じられた。LNGの供給開始時期はすでに定められていることから、ユーザー側から工期の遅れを懸念する声が高まり、大きく注目を集めることとなった。その半年後、ガスプロムの五〇パーセントの事業参加が決まると、この一連の流れは、ロシア政府が環境問題を口実に、サハリン2のパイプライン建設工事を停止させることにより外資側に圧力をかけ、同プロジェクトの経営権の五〇パーセントを奪取したものとして報道され、ロシアの投資環境の悪さを示す例とされた。

他方、エネルギー産業の側の発言では、国営企業であるガスプロムの事業参加は歓迎されることであり、この件は通常の権益の有償譲渡が行われたにすぎないとして、一般紙の報道との認識の落差が大きかった。この後、ロイヤルダッチシェルがサハリン3における新規鉱区の取得に関心を示すと、一部のエネルギー専門紙はサハリン２で権益を奪われたのに、まだロシアで新規の権益を欲しがっているのか、また同じ轍を踏むのではないかという論調で書き立てた。ロイヤルダッチシェルがサハリンで追加の鉱区を欲しがっているのは、サハリン２でのディールが上手く行ったからに他ならない。株主もこれまでの事情を理解していると見え、株主総会でサハリン２での鉱区譲渡が問題になったことはない。明らかに誤った理解をしているのは報道の側である。

二〇〇六年夏に発生した一連の問題は、権益譲渡、事業コストのオーバーラン、環

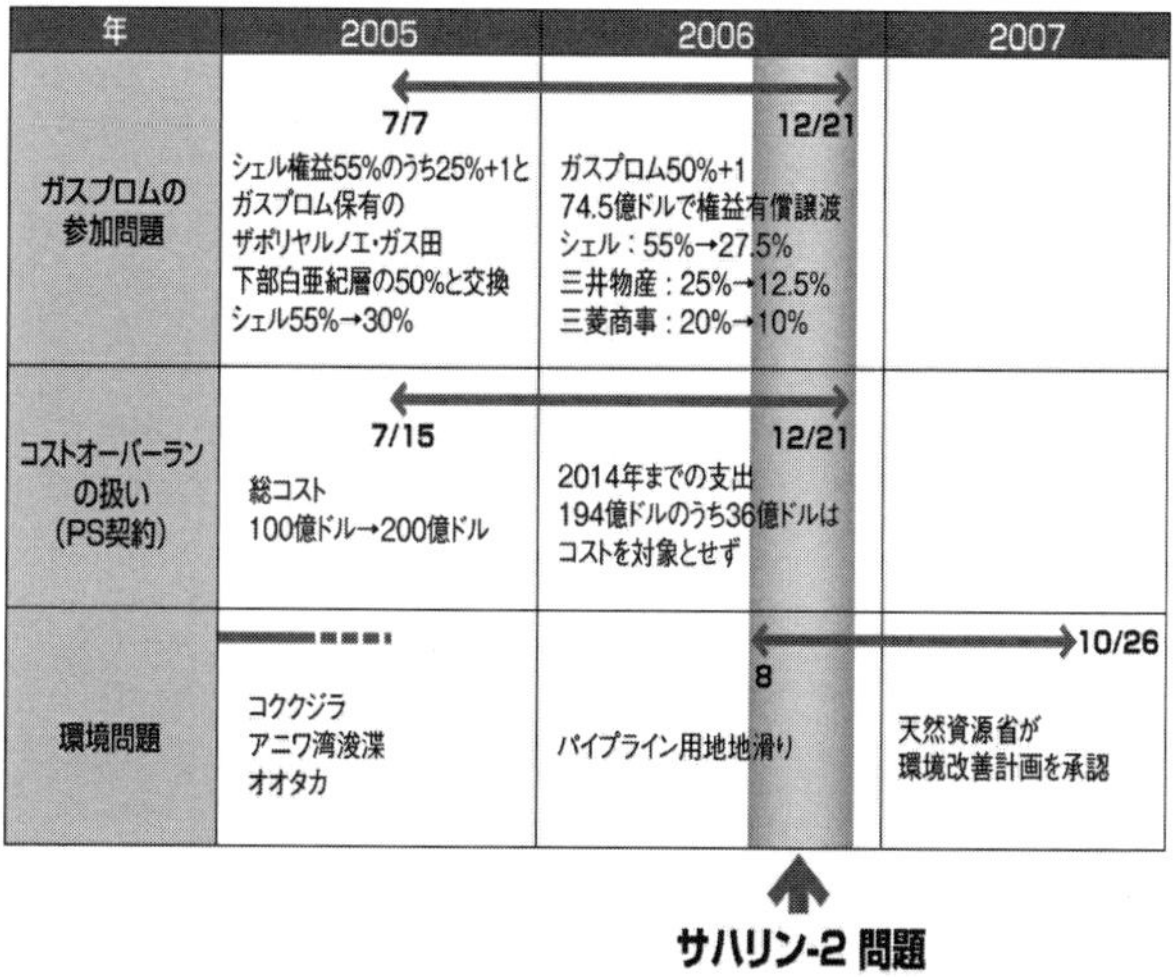

図4-3　サハリン２を巡る経緯（各報道から筆者作成）

境問題の三点がない交ぜになって論じられている。前後の年も含めて、三項目に分けて時系列的に示した（図4-3）。以下、経緯をのべ問題点を検討してみる。

（2）平行して進んだ三つの論点

①ガスプロムに対する権益譲渡

シェルの保有する権益の一部をガスプロムに譲渡するという件は、二〇〇六年の環境問題を巡る騒動が起こる一年前の二〇〇五年七月に既に合意され、公表されている（日本経済新聞、二〇〇五年七月八日）。この権益譲渡は、ロイヤルダッチシェルの保有するサハリン2の権益二五パーセントとガスプロムの保有する西シベリアのザポリャルノエ・ガス田の下部白亜系のガスの五〇パーセントを交換するというものであった。九〇年代にマラソン、マクダーモットという米系の二社が撤退し、残されたロイヤルダッチシェル、三井、三菱の三社が、これらの権益を引き受けざるを得なかった。特にロイヤルダッチシェルの権益は二〇パーセントから五五パーセントに跳ね上がり、生産収入が遥か先の段階で事業負担だけが二倍近くに拡大し、他からの新規参入を期待していた（図４-４）。

過剰な権益は部分譲渡し、それによって得た資金を別の有望プロジェクトに投資してリスクを分散することは、資源開発の世界では基本的な手法である。メジャーズの標準的な参加形態は、三〇パーセント程度の権益を引受け、事業の操業者としての地位（オペレーターシップ）を確保するというもので、サハリン１におけるエクソンモービルがまさにそのような立場であった。一方、ガスプロムにとっては、サハリン２は何よりもロシアで展開されるガス開発プロジェクトであり、更にＬＮＧや氷海技術の取得も期待できるという点で、ロシア企業として是非

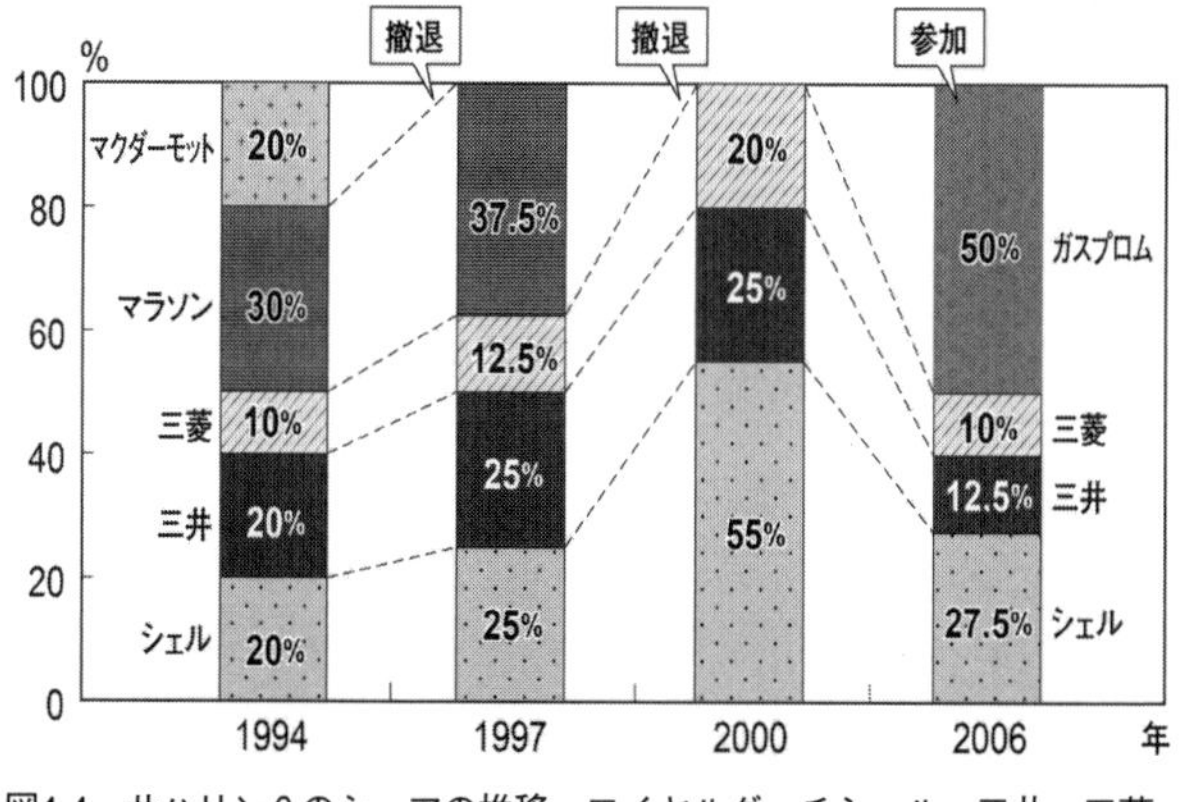

図4-4　サハリン２のシェアの推移。ロイヤルダッチシェル、三井、三菱はほぼスタート時の権益に戻った（公表データからJOGMEC作成）

参加したい事業であった。

しかしこの合意の一週間後に、ロイヤルダッチシェルはサハリンの総事業コストが百億ドルから二百億ドルに増加することを発表した。これは資産価値の低下を意味するものであり、ガスプロム側は態度を硬化し、権益譲渡の条件は練り直されることになった。

最終的に権益譲渡が合意したのは、環境問題が依然くすぶっていた二〇〇六年十二月二一日である。この事業にはこの時点で一二〇億ドルが投資されているが、その五〇パーセントの権益、つまり六〇億ドルの既往支出に対して七四・五億ドルで有償譲渡することとなった。即ち一四パーセントのプレミアムであり、これはパイプラインやLNG基地建設など大規模投資が直近の時期に集中していることを勘案すると、金利水準に引き比べてもほぼ中立的な内容と言える。当時の日本の新聞には「ロシアが権益を奪った」という見出しが躍ったが、しばらくして有償譲渡と分かると、今度は「ガスプロムが事業の操業権を奪った」と書いた新聞があった。五〇パーセントという最大シェアを得たガスプロムに操業権が移行するのは業界として当然のことである。しかし、実質的には事業の完成までロイヤルダッチシェル側が技術面を管理する体制となっていた。

②コストオーバーラン

問題になったのは、事業費が二倍となったコストオーバーラン（費用超過）の扱いである。ロシア側はインフレ等によるコスト増は不可避であることから承認はするものの、オペレーター側の計画変更によって生じたコスト増は自己責任であり、これをホスト国が負うことはないと拒絶の姿勢を示した。ＰＳ（生産物分与）契約においては、投資分は優先的にコスト回収出来るが、回収の対象として適格であるか否かはホスト国により審査される。最終的に総事業費の内、計画変更等で生じた三六億ドルに関してはコスト回収の対象から外すことで、これも二〇〇六年十二月に合意した。これは両者痛み分けの処置と言える。この譲歩の結果、既往のＰＳ契約が変更されることはなかった。

③環境問題

二〇〇六年夏の環境問題は以上の問題とは別個に、主としてこの時、地形が急峻となるサハリン島南部マカロフ地区のパイプライン建設用地で地滑りが発生したことに始まる。

土木工事においては、地滑りは大変に厄介な問題である。石油パイプラインの破壊が懸念される状況にありながら、これに対して策定された国の安全基準が十分でなかった。天然資源省は対策を講じるために工事を差し止め、一年かけて地滑りに関する安全基準を作成し直し、工事が再開された（図4-3）。

（3）ロシア政府の対応

権益譲渡で合意した二〇〇六年十二月二一日、コンソーシアム（共同事業体）三社の代表はクレムリンにプーチン大統領を訪ねた。一部の報道によれば、この時の大統領の発言は「工事停止などの理由とした環境破壊の問題について、基本的な問題は解決した」（読売新聞、二〇〇六年十二月二三日）といった驚くようなもので、日本の業界団体からも反発が出た。しかし、同日付け大統領府公式ページで確認すると、「大統領は、ロシアの環境当局と投資家が当該プロジェクトに付随する根本的な環境問題を解決するため、協調的な歩み寄りに至ったことに満足の意を表した」と至極常識的な発言であり、日本の一般紙の記事ではかなりの脚色がなされていることが窺われる。さらに、三社がその足で天然資源省を訪ねると、トルトネフ大臣（当時）は「ロシアの法規と環境基準には何ら変更はない。コンソーシアムは違反の事例については対策を講じなくてはならない」と釘を刺し、厳しい姿勢を示した。権益譲渡で、環境問題が取引に使われたという報道があるが、天然資源省がサハリン2コンソーシアムの提出した環境改善計画を承認したのは、一年後の二〇〇七年十月二六日のことである。

本件は、ロシア政府が資源ナショナリズムを行使したものとして、大きく報道されたが、実態は石油ガス産業では通常に行われている有償権益売譲渡に過ぎない。

おわりに

本書においては、ロシアにおける「エネルギーの政治利用」という見方を極力排除して、ビジネスの論理が貫かれている点を中心に解説した。政治性に立脚してある種のストーリーを作るというのはジャーナリズムのキャンペーン手法であり、エネルギー問題を分析したことにはならない。資源を輸入に依存せざるを得ないわが国としては、資源供給国の行動様式を常に分析する必要があるが、その際には、政治性の混入を極力避ける必要があると筆者は考える。ロシアに関しては、石油メジャーズはその高い資源ポテンシャルを認識しており、日本企業も参画したサハリン大陸棚でも大きな成果を挙げている。成果があればこそ、これがロシアを利するものとして、米英のジャーナリズムではネガティブな見解が盛んに披瀝されている。

二〇一一年三月十一日の東日本大震災の翌日、日本中が騒然としているまさにその時、プーチン首相（当時）は「日本は隣人であり、友人である。我々は信頼できるパートナーであることを示さなくてはならない」と述べ、サハリン2LNGの日本向け供給を増やすよう指示した。しかしこれは、LNGが無償で供給されたというわけではない。あくまで通常のビジネスとして、有償での供給量が増えたということである。重要なのは、近隣のエネルギー供給国としてのロシアが示した緊急時対応の能力の高さと供給力の柔軟性である。これにより、日本にとっての供給国としてのロシアの信頼性は高まった。

二〇一六年五月、ロシア南部のソチで開催された日露首脳会談において、安倍総理からプーチン大統領に対して、日露経済交流の促進に向け、八つの項目からなる協力プランが提示され、以降、二〇一九年一月時点で一七八件のプロジェクトが進められている。八項目の四番目には、エネルギーが入っており、合意件数も一番多い。ロシアというエネルギー供給国との付き合い方に関して米英で繰り返される批判的キャンペーンを鵜呑みにするのではなく、ビジネスの論理を辿って見る必要がある。本書が多少なりともそれに役立てば幸甚である。

本書の執筆の機会を与えて下さったユーラシア研究所と立教大学経済学部の蓮見雄教授に感謝します。なお、ここでの記述は、あくまで個人の見解です。

参考文献

1章
本村眞澄『石油大国ロシアの復活』、アジア経済研究所、二〇〇五年。
2章
田畑伸一郎、江渕直人（編）『環オホーツク海地域の環境と経済』、北海道大学出版会、二〇一二年。
3章
本村眞澄「塗り替えられる世界のエネルギーフロー」、JFIR World Review, vol2, p.79-93, 2018.
田畑伸一郎（編）『石油・ガスとロシア経済』、北海道大学出版会、二〇〇八年。
4章
本村眞澄「塗り替えられる世界のエネルギーフロー」、JFIR World Review, vol2, p.79-93, 2018.
杉本侃（編）『北東アジアのエネルギー安全保障』、日本評論社、二〇一六年。
本村眞澄「ロシア・ＣＩＳにおけるパイプライン地政学」、『石油天然ガスレビュー』、二〇一三年二月、vo46, No. 6, p.1-26.
本村眞澄『日本はロシアのエネルギーをどう使うか』、東洋書店、二〇一三年。

本村 眞澄（もとむら ますみ）
1950年生まれ。東京大学大学院理学系研究科地質学専門課程修士卒業後、石油公団に地質学専門家として入団。地質調査部、技術部、中国室、計画第一部ロシア・中央アジア室長、などを経て後継組織の石油天然ガス・金属鉱物資源機構（JOGMEC）調査部担当審議役（2019年3月退職)。オマーン、米国、アゼルバイジャンなどでの石油プロジェクトに携わり、オックスフォード・エネルギー研究所客員研究員、北海道大学スラブ研究センター客員教授もつとめた。工学博士。
著書に『石油大国ロシアの復活』(アジア経済研究所)、『日本はロシアのエネルギーをどう使うか』(ユーラシア・ブックレット、東洋書店)、『化石エネルギーの真実　石油を使って、森林を守る』(石油通信社)。

ユーラシア文庫13
石油《せきゆ》・ガス大国《たいこく》ロシア
2019年12月21日　初版第１刷発行

著　者　本村 眞澄

企画・編集　ユーラシア研究所

発行人　島田進矢
発行所　株式会社 群 像 社
神奈川県横浜市南区中里1-9-31 〒232-0063
電話／FAX 045-270-5889　郵便振替　00150-4-547777
ホームページ　http://gunzosha.com
Eメール info@gunzosha.com

印刷・製本　モリモト印刷
カバーデザイン　寺尾眞紀

ISBN978-4-903619-99-6

「ユーラシア文庫」の刊行に寄せて

1989年1月、総合的なソ連研究を目的とした民間の研究所としてソビエト研究所が設立されました。当時、ソ連ではペレストロイカと呼ばれる改革が進行中で、日本でも日ソ関係の好転への期待を含め、その動向には大きな関心が寄せられました。しかし、ソ連の建て直しをめざしたペレストロイカは、その解体という結果をもたらすに至りました。

このような状況を受けて、1993年、ソビエト研究所はユーラシア研究所と改称しました。ユーラシア研究所は、主としてロシアをはじめ旧ソ連を構成していた諸国について、研究者の営みと市民とをつなぎながら、冷静でバランスのとれた認識を共有することを目的とした活動を行なっています。そのことこそが、この地域の人びととのあいだの相互理解と草の根の友好の土台をなすものと信じるからです。

このような志をもった研究所の活動の大きな柱のひとつが、2000年に刊行を開始した「ユーラシア・ブックレット」でした。政治・経済・社会・歴史から文化・芸術・スポーツなどにまで及ぶ幅広い分野にわたって、ユーラシア諸国についての信頼できる知識や情報をわかりやすく伝えることをモットーとした「ユーラシア・ブックレット」は、幸い多くの読者からの支持を受けながら、2015年に200号を迎えました。この間、新進の研究者や研究を職業とはしていない市民的書き手を発掘するという役割をもはたしてきました。

ユーラシア研究所は、ブックレットが200号に達したこの機会に、15年の歴史をひとまず閉じ、上記のような精神を受けつぎながら装いを新たにした「ユーラシア文庫」を刊行することにしました。この新シリーズが、ブックレットと同様、ユーラシア地域についての多面的で豊かな認識を日本社会に広める役割をはたすことができますよう、念じています。

ユーラシア研究所

EURASIA LIBRARY